轴承零件磁粉检测

陈翠丽　编著

中国质量标准出版传媒有限公司
中　国　标　准　出　版　社

北　京

图书在版编目（CIP）数据

轴承零件磁粉检测 / 陈翠丽编著 . —北京：中国质量标准出版传媒有限公司，2021.1

ISBN 978-7-5026-4851-0

Ⅰ . ①轴… Ⅱ . ①陈… Ⅲ . ①轴承—零部件—磁粉检验 Ⅳ . ① TG115.28

中国版本图书馆 CIP 数据核字（2020）第 226335 号

中国质量标准出版传媒有限公司
中　国　标　准　出　版　社 出版发行

北京市朝阳区和平里西街甲 2 号（100029）

北京市西城区三里河北街 16 号（100045）

网址：www. spc. net. cn

总编室：（010）68533533　发行中心：（010）51780238

读者服务部：（010）68523946

中国标准出版社秦皇岛印刷厂印刷

各地新华书店经销

*

开本 787×1092　1/16　印张 8　字数 161 千字

2021 年 1 月第一版　　2021 年 1 月第一次印刷

*

定价：56.00 元

前　言

轴承作为机械装备中精密关键零部件，其主要功能是支承机械旋转体，降低运动过程中的摩擦系数，并保证其回转精度，被誉为工业机械的关节，其质量和可靠性对主机性能起着决定性的作用。轴承在军工、汽车、铁路、电机、精密机床、风力发电、港口机械、医疗器械、冶金轧机、盾构机、核电设备和航空航天、兵器、船舶、特种设备等众多领域得到广泛应用。

目前，我国已能生产小至内径0.6mm、大至外径13m、品种规格多达9万个的各种类型轴承，已成为产量和销售额居世界第三位的轴承制造大国。根据推测，2021年，我国轴承年产量将达到225亿套，轴承主营业务收入将达1920亿元。

基于轴承使用特性和所起到的关键作用，轴承质量对于机械装备来说至关重要。若轴承零部件上存在缺陷，在其服役过程中将会存在严重的安全隐患，可能导致重大事故的发生和财产损失。为确保机械装备正常安全运行，对轴承零部件质量必须严格控制，无损检测作为产品内在质量控制的重要手段显得尤为重要。

轴承零部件常用的无损检测方法主要有超声检测（UT）、涡流检测（ET）、渗透检测（PT）、射线检测（RT）、磁粉检测（MT）等。就其应用特点来说，超声检测法可用来检测轴承零部件内部缺陷，具有灵敏度较高、穿透厚度大、使用方便等优点，但检测有时受到复杂结构限制，难以适应轴承特殊部位的检测，检测结果受缺陷取向、声耦合效果及检测人员的经验等影响；涡流检测法多用于滚子和滚珠表面缺陷的检测及材料分选，检测结果受检测仪器灵敏度以及工件形状等影响较大；渗透检测法只能用来检测表面开口缺陷。磁粉检测法可用于轴承零部件表面及近表面缺陷检测，具有检测灵敏度高、检测速度快、显示直观等优点，但只能用于铁磁性材料的检测。

由于轴承的制造材料主要以铁磁性材料为主，通过磁粉检测能直观地显示其缺陷的位置、形状和大小，特别是荧光磁粉检测法在避免工件本体颜色影响的基础上可增加缺陷磁痕的对比度，便于缺陷鉴别、缺陷起因分析等，因此，磁粉检测已成为轴承零部件成品质量控制中最为重要的无损检测方法。

本书编著者从事轴承材料及零部件无损检测工作多年，在轴承零部件磁粉检测方面积累了大量的理论及实际操作经验，此次将轴承零件磁粉探伤典型缺陷图谱进行归类和分析，编撰成书奉献给大家，希望为推动轴承零部件无损检测技术发展尽绵薄之力。

全书共分5章，第1章概述，简单介绍了轴承材料特点、轴承零件生产流程、常见缺陷的产生原因及常用无损检测方法；第2章轴承零件制造工艺，介绍了轴承零件制造工艺，包括套圈、滚动体、保持架三种零件的制造工艺；第3章轴承磁粉检测基本原理，叙述了轴承零件磁粉检测的原理、设备、环境要求、检测方法等；第4章轴承零件磁粉检测工艺，详细介绍了轴承零件磁粉检测工艺和要求，对磁粉检测工艺卡的编制也作了说明；第5章轴承零件磁粉探伤典型缺陷图谱，给出了轴承零件磁粉检测典型缺陷图谱，根据轴承零部件生产流程，将常见缺陷按照类别进行整理编排成册，包括原材料缺陷、锻造加工缺陷、热处理缺陷、冷加工缺陷（车加工、磨加工）和其他类型缺陷等，对每一类缺陷都作了简要说明。本书可供轴承行业的无损检测人员、质量检验人员和工程技术人员等参考，对轴承缺陷鉴别和成因分析也具有一定的参考价值。

本书第1章由陈翠丽、董汉杰等编写；第2章由陈翠丽、李昭昆、王明杰、仵永刚等编写；第3章、第4章由陈翠丽编写；第5章由陈翠丽、焦阳、陈广胜、吕振伟、陈辉、邢珲珲、倪滨昆、史亚妮、李龙、张彦合、时可可等编写。全书由陈翠丽统稿，由董汉杰主审。

由于轴承新产品、新材料、新制造方法的不断出现，加之受编者经历、水平限制，本书内容中错误在所难免，收集到的缺陷样品和照片也不够全面。书中错误与不妥之处，敬请同行与读者批评指正。

本书的完成得到了洛阳LYC轴承有限公司技术中心、精密轴承事业部、铁路轴承事业部、滚动体厂等领导及同事的大力支持，很多工作是大家一起合作完成的，在此表示衷心感谢！

本书的完成也得到了上海磁海无损检测设备制造有限公司总经理李龙博士、东华大学杨芸博士的支持和帮助，出版工作得到江苏赛福探伤设备制造有限公司杨标总经理、成都捷文科技有限公司李晓副总经理的支持和赞助，书稿完成也得到“无损检测资讯网”夏纪真老师的指导和帮助，在此一并表示诚挚谢意！

编著者

2020 年 10 月

目　录

第1章 概述

1.1 轴承材料

轴承是当代机械装备的重要基础零部件，它的主要功能是支承机械旋转体，降低运动过程中的摩擦系数，并保证其回转精度。随着经济和社会不断发展，轴承的使用量日益增加，对其提出了更高的要求，如高精度、长寿命、高可靠性等，某些特殊用途轴承还需具有耐高温、抗腐蚀、无磁性、耐超低温、抗辐射等性能。因此，制造轴承的材料选择很重要。目前，我国常用的轴承材料主要有：高碳铬轴承钢、渗碳轴承钢、表面淬火轴承钢、耐热轴承钢、不锈轴承钢以及其他特殊场合使用的轴承钢等。

1.1.1 轴承材料主要性能

制造轴承的材料选择是否适当对轴承的使用性能有很大的影响。对制造轴承的材料的基本要求是由轴承的破坏形式决定的。一般情况下，轴承的主要破坏形式是在交变应力作用下的疲劳开裂、破碎、剥落，以及因摩擦磨损而丧失轴承精度，此外还有压伤、锈蚀等。因此，要求轴承制造用钢应具备下列性能：

（1）较高的接触疲劳强度

轴承运转时，滚动体在轴承内、外圈的滚道间滚动，其接触部分承受周期性交变负荷，多者每分钟可达数万次到数十万次。在周期性交变应力的反复作用下，接触表面金属因疲劳出现开裂、剥落，引起轴承振动、噪声增大，工作温度急剧上升，致使轴承最终损坏，称为接触疲劳破坏。接触疲劳破坏是轴承正常破坏的主要形式。因此，要求轴承用钢应具有较高的接触疲劳强度。

（2）良好的耐磨性

轴承工作时，除了发生滚动摩擦外，也同时发生滑动摩擦。发生滑动摩擦的主要部位是：滚子端面与套圈挡边之间、保持架和套圈挡边之间、滚动体和保持架兜孔之间以及滚动体与滚道之间等。滚动轴承中滑动摩擦的存在不可避免地使轴承零件加速磨损。

如果轴承钢的耐磨性差，滚动轴承便会因磨损而过早地丧失精度，使轴承振动增加、寿命降低。因此，要求轴承钢应具有良好的耐磨性。

（3）较高的弹性极限

由于滚动体与套圈滚道之间接触面积很小，轴承在负荷作用下，特别是在较大负荷作用下，接触表面的接触压力很大。为了防止在高接触压力下发生过大的塑性变形，使轴承精度丧失或发生表面裂纹、压伤，因此，要求轴承钢应具有良好的弹性极限。

（4）适宜的硬度

轴承零件的硬度与接触疲劳强度、耐磨性和弹性极限都有直接的关系，因此，轴承零件的硬度也直接影响着轴承的寿命。轴承用钢的硬度要适宜，过大或过小都影响轴承使用寿命。一般情况下，使用GCr15、GCr15SiMn等高碳铬轴承钢制造时，零件硬度在60HRC～65HRC之间，用以保证轴承具有良好的接触疲劳强度、耐磨性和弹性极限。

（5）一定的韧性

很多轴承在使用中都会承受一定的冲击负荷，因此要求轴承钢具有一定的韧性，以保证轴承不因承受冲击而被破坏。

（6）良好的尺寸稳定性

轴承是精密的机械零件，其精密度是以微米（μm）来计量的。在长期的保管和使用中，因内在组织发生变化而引起尺寸的变化会使轴承丧失精度，因此，为保证轴承的尺寸精度，轴承钢应具有良好的尺寸稳定性。

（7）一定的防锈性能

轴承的生产工序繁多，生产周期较长，有的成品还需要较长时间存放，以及考虑轴承的使用环境，因此，轴承在生产过程中和在成品保存以及使用过程中都极易发生锈蚀，特别是在潮湿的空气环境中。所以，要求轴承钢具有一定的防锈性能。

（8）良好的工艺性能

轴承在生产中，其零件要经过多道冷、热加工工序。这就要求轴承钢应具有良好的工艺性能，如冷、热成型性能、切削、磨削及热处理性能等，以适应大批量、高效率、低成本和高质量生产的需要。

此外，对于特殊工作条件下使用的轴承，对其用钢还必须提出相应的特殊性能要求，如耐高温、高速性能、抗腐蚀以及防磁性能等。

1.1.2 常用的轴承材料

（1）高碳铬轴承钢

高碳铬轴承钢是使用最广泛的一种材料。常用的高碳铬轴承钢主要包括G8Cr15、GCr15、GCr15SiMn、ZGCr15、ZGCr15SiMn、GCr18Mo、GCr15SiMo等，这类钢是在高碳钢的基础上加入（0.5%～1.8%）Cr 来提高淬透性和耐磨性的。为了提高大截面轴承零件的淬透性和弹性极限，在 GCr15 的基础上加入了适量的 Si、Mn 和 Mo。碳是轴承钢中对轴承零件的硬度、强度和耐磨性有决定性影响的元素。经整体淬回火后可获得较高的硬度及耐磨性。其中 GCr15 和 GCr15SiMn 用量最大，达到轴承钢总用量的 80% 以上。GCr15 主要使用在中小型轴承上，对于大型及特大型轴承则主要使用 GCr15SiMn 材料，以提高整体淬透性。GCr15 和 GCr15SiMn 的化学成分及力学性能见表 1–1 和表 1–2。

表 1–1　高碳铬轴承钢化学成分　　%

材料牌号	C	Si	Mn	Cr	P	S
GCr15	0.95～1.05	0.15～0.35	0.25～0.45	1.40～1.65	≤ 0.025	≤0.025
GCr15SiMn	0.95～1.05	0.45～0.75	0.95～1.25	1.40～1.65	≤0.025	≤0.025

表 1–2　高碳铬轴承钢力学性能

材料牌号	热处理	压痕直径 mm	硬度值 HB
GCr15	退火	4.2～4.5	179～207
GCr15SiMn	退火	4.1～4.5	179～217

高碳铬轴承钢采用电炉或转炉冶炼 + 真空脱气 + 电渣重熔工艺可以得到极高的纯净度，经适当的热处理可获得均匀分布的球状珠光体组织，切削性能良好，具有优良的淬透性和淬硬性，热处理后的显微组织和硬度比较均匀稳定，具有较高的接触疲劳强度和耐磨性，经适当的热处理还可获得很好的尺寸稳定性，并具有一定的抗腐蚀性能，而且价格比较便宜。

到目前为止，这种高碳铬轴承钢可以满足在一般工况条件下运转轴承的使用要求。高碳铬轴承钢仍是世界各国普遍用于制造轴承零件的理想材料。

（2）渗碳轴承钢

作为渗碳轴承钢应具有较高的强度和韧性以及适当的淬透性和防止晶粒长大的能力，以保证渗碳零件的表层高硬度、高耐磨性，心部具有一定的冲击韧性。

渗碳轴承钢通常是含碳量为 0.1%～0.25% 的低碳钢和低碳合金钢。常用的渗碳轴承钢有 G20CrNi2Mo（A）和 G20Cr2Ni4（A）等，还有 G13Cr4Mo4Ni4V 用于特种精密轴承。这类钢具有很高的冲压韧性，经渗碳、一次淬火、二次淬火后，表面具有很高的硬度和一定的耐磨性以及较高的抗疲劳强度，而其心部则仍保留良好的韧性、硬度和强度。

因此，这类钢适用于制造在冲击载荷条件下工作的轴承，例如：轧钢机轴承、矿山机械轴承、重型车辆轴承等。

渗碳轴承钢中各合金元素的主要作用有：

1）提高钢的淬透性

渗碳件要有一定的淬硬层深度，以提高轴承在受到交变载荷作用时的抗疲劳破坏能力。对尺寸大、心部强度要求较高的零件，淬透性更为重要。通常加入 Cr、Mn、Ni、Mo、W、B 等元素以提高钢的淬透性。

2）阻止在渗碳温度下的奥氏体晶粒长大

Ti、V、Nb 等合金元素都有阻止晶粒长大，即细化晶粒的作用。使得工件在渗碳后可以直接淬火，从而简化了热处理工艺。

3）改变渗层的碳浓度及浓度梯度、渗层的深度和组织

就渗碳而言，要求钢材具有较快的渗碳速度，而钢材表层的碳含量又不能过高。一般情况下，碳化物形成元素（Cr、Mo、W 等）可以提高渗层的碳浓度；而非碳化物形成元素（Si、Ni、Al 等）则可以降低渗层的碳浓度。Cr、Mo 等碳化物形成元素可以增加表层碳含量，即增大碳浓度梯度，从而加速碳原子从表层向心部的扩散。但它们又与碳强烈结合，于是又减慢了碳在 γ-Fe 中的扩散。由于前者作用大于后者，所以，能使渗碳层深度稍有增加。Si、Ni 等非碳化物形成元素可降低表层碳浓度、减小钢表面吸碳能力，即减小碳浓度梯度，从而减慢碳原子从表面向心部扩散。但它们稍有削弱碳在 γ-Fe 晶格内的结合力，又增加碳在 γ-Fe 中的扩散趋势。由于前者作用远大于后者，所以渗碳层深度显著减小。通过调整碳化物形成元素与非碳化物形成元素的含量比例，可以使渗碳轴承钢获得不同的热处理性能，以满足不同轴承使用性能的需要。

（3）表面淬火轴承钢

轴承零件工作时，在扭转和弯曲等交变负荷、冲击负荷的作用下，它的表面层承受着比心部高的应力，在有摩擦的场合，表面层还不断地被磨损，因此，对轴承零件的表层提出了强化的要求，使其表面具有高的强度、硬度、耐磨性和疲劳极限。

表面淬火是强化钢件表面的重要手段，由于它的热处理工艺简单、热处理变形小和生产效率高等优点，在生产上应用极为广泛。常用的表面淬火钢有 42CrMo、40CrNiMo、50Mn、50CrMnMo 等。

表面淬火轴承钢具有合适的淬透性，采用适宜的热处理工艺，其显微组织为均匀的索氏体、贝氏体或极细的珠光体，因而具有较高的抗拉强度和屈服强度，较高的韧性和疲劳强度，以及较低的韧性—脆性转变温度，可用于制造截面尺寸较大的轴承零件。目前用于风电偏航变桨轴承、港机转盘轴承套圈的 42CrMo 材料，属于超高强度钢，具有高的强度和韧性，淬透性也较好，无明显的回火脆性，调质处理后获得回火索氏体组织，具有较高的疲劳极限和抗多次冲击能力，低温冲击韧性良好，其化学成分及力学性

能见表 1–3 和表 1–4：

表 1–3 42CrMo 化学成分 %

C	Mn	Si	Cr	Mo	Ni	Cu	S	P
0.38～0.45	0.50～0.80	0.17～0.37	0.90～1.20	0.15～0.25	≤0.30	≤0.30	≤0.035	≤0.035

表 1–4 42CrMo 力学性能（热处理方法） HB

正回火	退火	调质
185～241	≤217	229～269

（4）耐热轴承钢

通常把工作温度在 150℃以上的轴承称为高温轴承。由于高碳铬轴承钢在使用温度超过 150℃时，其硬度将急剧下降，尺寸不稳定，导致轴承无法正常工作。所以对于工作温度在 150℃～250℃条件下工作的轴承，若套圈和滚动体仍选用普通高碳铬轴承钢制造，则必须对轴承零件进行特殊的回火处理，一般应高于工作温度 50℃进行回火。经过按上述要求回火处理的轴承钢，能在工作温度下正常使用。但因回火后硬度有所下降，轴承寿命有所降低。当轴承工作温度高于 250℃时，则必须采用耐高温的轴承钢制造。

高温轴承钢除应具有一般轴承钢的性能外，还应具有一定的高温硬度和高温耐磨性、高温接触疲劳强度、抗氧化性能、高温耐冲击性能和高温尺寸稳定性。

常用的高温轴承钢有：

钼系钢：Cr4Mo4V、Crl5Mo4、9Crl8Mo、Crl4Mo4。

钨系钢：W9Cr4V2Mo、W18Cr4V。

钨钼系钢：W6MoSCr4V2。

高温轴承钢中 W、Cr、V、Mo 等元素能形成高温下难熔的碳化物，并且在回火时能够析出弥散分布碳化物，产生二次硬化效应，使这类钢在一定温度下仍具有较高的硬度、耐磨性、较强的抗氧化性能、较高的耐疲劳性和尺寸稳定性。

高温轴承钢中以 Cr4Mo4V 和 W18Cr4V 最为常用，在高温下有较高的硬度和疲劳寿命，使用温度基本在 300℃以上，主要用于航空发动机等高温环境。

（5）不锈轴承钢

轴承套圈及滚动体常用的不锈钢材料主要有 9Cr18Mo 和 9Cr18，保持架及密封圈骨架常用的不锈钢材料主要有 OCr18Ni9、1Cr18Ni9 和 1Cr18Ni9Ti 等。

不锈钢轴承与普通轴承相比，有更强的防锈、防腐蚀性能，通过选用合适的润滑剂、防尘盖等，可以在 –60℃～+300℃的环境下使用。不锈钢深沟球轴承能抵御潮湿和若干其他介质所引起的腐蚀。

不锈钢轴承因其机械强度高、负载能力大，被广泛使用在食品加工机械、医疗器械和药品机械等领域。

（6）其他类型的轴承材料

1）陶瓷

陶瓷材料是指用天然或合成化合物经过成型和高温烧结制成的一类无机非金属材料。它具有高熔点、高硬度、高耐磨性、耐氧化等优点。

在轴承行业应用较多的陶瓷材料为氮化硅（Si_3N_4）和氧化锆（ZrO_2），主要用于航空航天、航海、核工业、石油、化工、轻纺工业、机械、冶金、电力、食品、机车、地铁、高速机床及国防技术等领域需要在高温、高速、深冷、易燃、易爆、强腐蚀、真空、电绝缘、无磁、干摩擦等特殊工况下工作的轴承。

2）塑料

近年来，工程塑料制品以其优异的性能获得越来越广泛的应用。由于工程塑料具有优异的自润滑性、耐磨、低摩擦和特殊的抗咬合性等特点，即使在润滑条件不良的情况下也能正常工作，因而其用作特殊工况下的轴承材料是十分理想的。

最为常见的塑料轴承材料有：乙缩醛轴承材料、尼龙轴承材料、聚四氟乙烯轴承材料和酚醛轴承材料。

① 乙缩醛轴承材料：这种材料价格最低，它对钢材的动、静摩擦因数都极低，强度和刚度较高，常用来制造轻载荷下的连外圈整体轴承座。

② 尼龙轴承材料：是一种价廉而摩擦因数低的材料，自润滑性较强，常添加石墨、二硫化钼和聚四氟乙烯等填料，以增加自润性、强度和刚度，工作温度可达120℃。

③ 聚四氟乙烯轴承材料：摩擦因数最小，而且当载荷增大时，摩擦因数相应减小，常添加玻璃纤维、石墨、青铜粉等以提高各项性能指标，工作温度比较高。

④ 酚醛轴承材料：强度较高，耐高温，但摩擦因数较大，磨损较快，用聚四氟乙烯树脂为填料后，可以降低摩擦因素并提高寿命。

1.2 轴承的基本生产流程

滚动轴承是将运转的轴与轴座之间的滑动摩擦改变为滚动摩擦，从而显著减少摩擦损失的一种精密机械元件。

除了有特殊设计与工艺性能要求之外，对大多数滚动轴承来说，其结构是十分简单的。一般由内圈、外圈、滚动体和保持架组成，俗称“四大件”。滚动体包括钢球和滚子。这是滚动轴承的基本结构。

随着对轴承产品寿命、可靠性等要求的逐步提高，国内外许多轴承设计和制造专家及学者们都认为润滑剂也是滚动轴承的一大件，即滚动轴承由“五大件”组成。这是一种新的观点。

对轴承性能要求不同，其结构也有很多差异。有的轴承无内圈或无外圈或同时无内外圈；有的轴承有防尘盖、密封圈以及安装调整时用的止动垫圈、紧定套和螺钉等零件。

一组滚动体在内圈和外圈之间滚动，并承受和传递载荷。保持架把滚动体均匀隔开，以避免它们相互碰撞，并起到引导它们正常运动，防止它们脱落和改善轴承内部润滑等功能。

组成滚动轴承的零件有外圈、内圈、滚动体和保持架。对于不同的零件，其加工过程和方法是不同的。对于同一种零件，若结构、公差等级不同，其加工过程和方法也有差异。目前中小型普通等级轴承的生产过程大致相同，见表 1–5。

表 1–5 滚动轴承生产的一般工艺过程

<table>
<tr><th colspan="2">套圈</th><th colspan="2">钢球</th><th colspan="2">滚子</th><th colspan="2">保持架</th></tr>
<tr><td>棒料
管料</td><td>棒料</td><td>线材
棒材</td><td>棒料</td><td>线材</td><td>棒料</td><td>带料
板料</td><td>棒料
锻坯
铸坯</td></tr>
<tr><td></td><td>锻造</td><td>冷镦</td><td>热镦
退火</td><td>冷镦</td><td>车削</td><td rowspan="2">冲压成形
表面处理</td><td rowspan="2">车削
拉方孔
或钻孔
表面处理</td></tr>
<tr><td>车削
（软磨）
热处理
硬磨
超精加工
（腐蚀字）</td><td colspan="2">锉削
软磨
（光磨）
热处理
硬磨
（强化处理）
抛光
（精研）</td><td></td><td colspan="2">热处理
磨削
超精加工</td></tr>
<tr><td colspan="4">终检</td><td colspan="2">分类</td><td colspan="2">检查</td></tr>
<tr><td colspan="8">装配，成品检查，防锈封存，包装</td></tr>
</table>

1.2.1 套圈锻造加工

套圈是滚动轴承的重要零件，其质量一般约占总质量的 60%～70%。套圈毛坯有锻件、冷挤件、温挤件、管料和棒料等，其中锻件占套圈毛坯总数的 85% 左右。由轴承生产的工作量分析可知，套圈毛坯锻造的工作量通常占轴承加工总工作量的 10%～15%。

由于轴承结构不同，尺寸大小不一，各厂设备、技术状况及生产习惯的不同，轴承套圈毛坯的制造工艺也各不相同。有资料表明：大多数生产厂家除管料和棒料直接车削外，其余均采用锻压成形，因为锻压工艺能良好地改善毛坯的显微组织，明显提高材料的机械性能，而且大大提高生产效率、材料利用率以及锻造毛坯成形尺寸可控性。目前，一些先进的锻压工艺如：冷辗扩、冷挤压、温挤压以及高速镦锻等已经被采用。

轴承套圈锻造加工的主要目的是：

1）获得与产品所需形状相近的毛坯，从而提高金属材料利用率，节约材料，减少机械加工量，降低成本。

2）锻造消除金属内的一些冶炼缺陷，改善金属显微组织，使金属流线分布合理，金属致密度好，从而提高轴承的使用寿命。

根据锻造时金属材料的温度情况，可将锻造分为热锻、冷锻和温锻三大类。轴承套圈生产中大量采用的主要是热锻。

轴承套圈的热锻生产过程主要包括 3 个环节：下料（钢锭经加热锻压拔长后热剁料或棒材锯切下料）、坯料加热、锻造成形。锻造成形是套圈锻造生产的中心环节，形式很多。目前广泛采用的成形工艺大致可分为三大类：汽锤锻造工艺、平锻机锻造工艺和压力机锻造工艺。多数轴承套圈是先经锻造成环形毛坯后，再经过扩孔锻造工艺或经扩孔机辗扩成形，以提高锻件的冶金质量、尺寸精度和生产率。为进一步提高锻件的尺寸和几何精度，为后续自动化加工工序创造条件，环形锻件往往在辗扩之后还要再经精整（或称整形）工序加工。

轴承套圈的锻造过程见图 1–1，锻造设备系统的布置一般是将加热炉（火焰加热或中频加热）、压力机（或汽锤或平锻机）、扩孔机组成联线进行流水作业。毛坯在设备之间由人工传送或在铁槽内滑动传送。下料则多数是单独进行的工序（称为备料）。

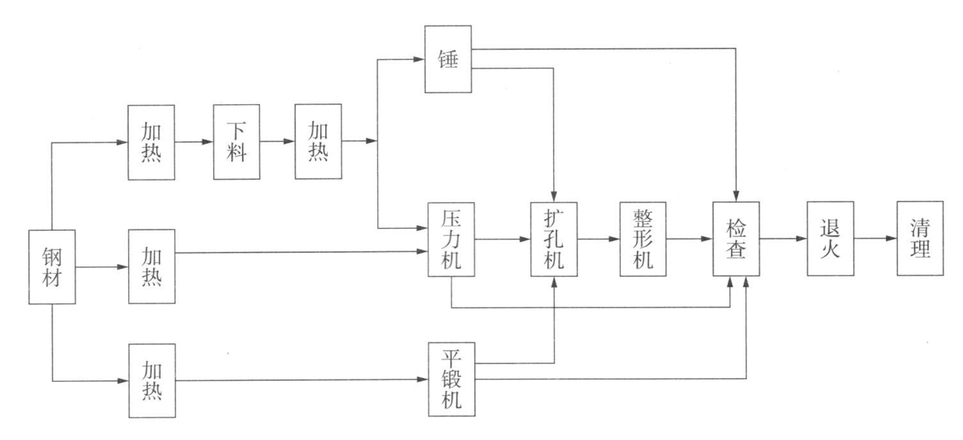

图 1–1　套圈锻造生产过程

1.2.2　套圈车削加工

轴承套圈毛坯制造出来之后，主要的加工就要由金属切削方法来完成。轴承制造的主要特点是“加工质量高、生产批量大”。通过车削加工往往难以满足轴承套圈加工质量的最终要求。普通车床亦不适合高效率的大批量加工。因此，在轴承制造中，车削加工通常只是整个轴承套圈切削加工过程中的第一个环节，而不是最终环节。轴承套圈车削加工的劳动量一般占轴承套圈全部加工劳动量的 25%～30%，车床占总机床数量的 40% 左右，且多为高效率的自动化或半自动化车床，也有专用车床和车削自动线。

对轴承套圈来说，一般的车削加工要完成的主要任务是：

1）对一般锻件毛坯、去除表面坚硬的氧化变质层（黑皮）；

2）对棒料、管料，去除多余的金属量；

3）经济地取得车削加工的形状、尺寸和位置精度；

4）对待加工表面均匀地留有一定深度的留余量；

5）加工好辅助表面（倒角、沟、槽等）。

车削加工的目的就是为套圈的打字、热处理、磨削加工打好其毛坯基础。总之，车削加工工序关系到材料利用率、生产效率、加工成本，直至影响到轴承成品的尺寸质量。因此，轴承套圈的车削加工在轴承制造中有着不容忽视的地位和作用。

1.2.3 套圈热处理

轴承套圈的热处理是通过预热、加热、保温和冷却的方法，来改变轴承套圈内部显微组织结构，从而获得预期性能的一种工艺。

轴承套圈常见的热处理种类、目的及工艺特点见表 1–6。

表 1–6 轴承套圈常见的热处理种类、目的及工艺特点

热处理方式		目的	工艺特点
球化退火		降低硬度、便于车削，并为淬火提供优良的原始组织	加热温度：Ac1+（10～20）℃，冷却速度：随炉冷却至小于 550℃出炉空冷
正火		消除应力和淬火前的预热准备；消除网状碳化物，为球化退火作准备；细化组织，改善力学性能和切削加工性能	加热温度：Ac3（或 Accm）+（30～80）℃，冷却速度：空冷
淬火		提高强度、硬度、耐磨性和接触疲劳性	加热温度： 亚共析钢：Ac3+（30～50）℃； 共析钢、过共析钢：Ac1+（30～50）℃
回火	低温回火	降低内应力、脆性，保持淬火后的高硬度和耐磨性	加热温度：150℃～250℃，冷却速度：空冷
	中温回火	提高弹性、强度	加热温度：350℃～500℃，冷却速度：空冷
	高温回火	获得良好的综合力学性能（既有一定的强度、硬度，又有一定的塑性）	加热温度：500℃～650℃，冷却速度：空冷
冷处理		减少残留奥氏体，稳定组织，稳定工作尺寸	经马氏体淬火冷至室温的工件继续冷至 –40℃～–80℃，保持 0.5h～1h 后，在空气中恢复到室温

1.2.4 套圈的磨削加工

轴承套圈经过热处理后，其硬度和整体性能得到提升，为了使轴承套圈尺寸精度、外观达到设计和使用要求，热处理后还必须进行磨削加工。由于轴承套圈表面硬度提高，一般较少采用车削方法加工，特殊产品或者特殊要求的，可以直接采用硬车加工。

在轴承生产中，磨削加工劳动量约占总劳动量的60%，所用磨床数量也占全部金属切削机床的60%左右。磨削加工的成本占整个轴承生产成本的15%以上。对高精度轴承，磨削加工的比例更大。因此，磨削加工是轴承生产中的关键工序之一。如何采用新工艺、新技术和新理论来安排好这一关键工序，以高精度、高效率、低成本来完成磨削过程，是磨削加工的主要任务。

轴承的类型、尺寸和精度不同，其套圈的磨削过程往往也不同，但是，他们的基本加工工艺过程和技术问题差别不大，以深沟球套圈磨削加工的一般过程为例，外圈磨削加工过程见图1–2。

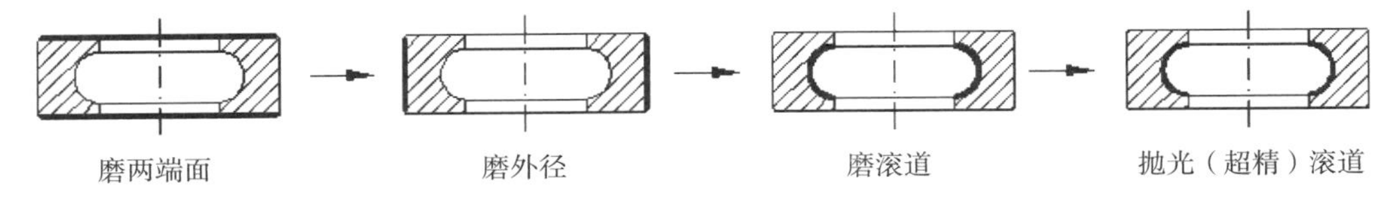

图1–2 深沟球轴承外圈磨削加工的一般过程

内圈有图1–3和图1–4两种加工方式。

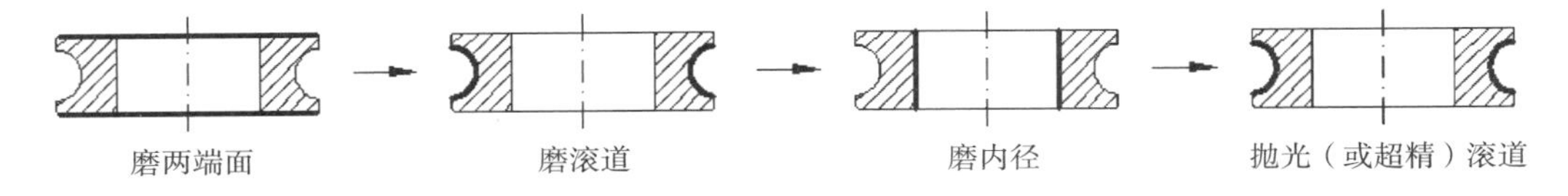

图1–3 深沟球轴承内圈磨削加工的一般过程（一）

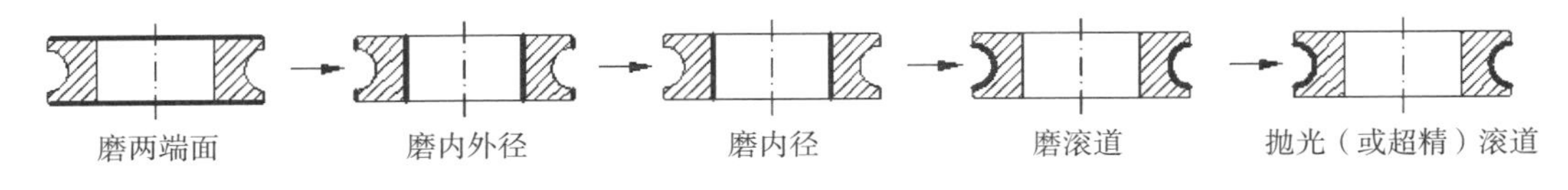

图1–4 深沟球轴承内圈磨削加工的一般过程（二）

1.2.5 滚子加工

滚动体是滚动轴承中最不可缺少的零件，没有滚动体就失去了滚动轴承的意义。滚子是滚子轴承中的滚动体，理论上它与滚道的接触是线接触，所以滚子轴承可承受较大的负荷。轴承工作时，滚子的主要运动是本身的自转和绕滚道中心线的公转。实际使用和试验均表明，滚子是滚子轴承中最薄弱的零件，滚子的制造质量对轴承的工作性能（如旋转精度、振动、噪声和灵活性等）有很大的影响，是影响轴承使用寿命的主要因素。

（1）滚子的分类

1）按形状和尺寸分类

①圆锥滚子 其大头端面称为基面，分有：圆锥基面、平基面和球基面；锥角一般为1°～4° 20′，锥角再大的称为大锥角滚子，主要用于圆锥或推力圆锥滚子轴承。

②圆柱滚子

$$L_w < 2.5D_w$$

③长圆柱滚子

$$L_w > 2.5D_w$$

分为有轴颈和无轴颈两种。

④球面滚子 滚子呈鼓形，有对称球面滚子和不对称球面滚子之分。这种滚子轴承具有自动调心性能，并能承受很大的载荷。

⑤滚针 形状细长呈针状。

$$D_w \leqslant 5\text{mm},\ L_w > 2.5D_w$$

滚针可按头部形状分为：平头、锥头、圆头和弧头滚针，主要用于滚针轴承和推力滚针轴承中，也可作为商品滚针直接用于机械中。

2）按精度分类

滚子可分为下列四级：

①0级：用于P2的轴承；

②Ⅰ级，用于P4级的轴承；

③Ⅱ级，用于P5级的轴承，比较常用；

④Ⅲ级，用于P6、P0级的轴承，最常用。

0级和Ⅰ级滚子精度很高，生产不易，也不常用，生产量很小，大批量生产的是Ⅱ级和Ⅲ级滚子。生产中，各级滚子都有相应的技术条件要求。另外，对滚针分为三个等级：G2、G3、G5，它们是滚针直径和形状公差的特定组合。

（2）圆锥滚子加工过程

圆锥滚子的制造过程随滚子的精度等级、尺寸大小、生产批量和加工方法的不同而不同，但基本的制造过程大体一致，在此仅介绍基本的制造过程。

下面是制造Ⅲ级滚子的过程，具有一定的代表性：

投料（矫直、倒角）→冲压成形→窜去环带→选出料头→软磨外径→软磨端面→热处理→窜氧化皮→粗磨外径→窜软点→软点检查→热清洗防锈→磨端面→热清洗防锈→细磨外径→终磨外径→超精外径→热清洗、干燥擦净→终检选别→涂油包装

（3）圆柱滚子加工过程

圆柱滚子的工作面为滚子外径及其两个端面，其加工质量对轴承的工作性能有很大

的影响，所以要求高。而实际加工过程中往往受到机床和加工方法的影响，要生产Ⅱ级以上的滚子并非易事，加工质量的好坏首先与其毛坯的成形方法有密切关系。

圆柱滚子毛坯的制造方法有车削、冷镦和轧制等。用车削获得的毛坯质量较为稳定，但金属组织不够紧密，多用于大型和特殊要求的滚子。冷镦方法的材料利用率和生产效率比车削高很多，毛坯组织也比较致密，但目前它只适用于D_w≤25mm的范围。用冷轧或热轧获得毛坯的方法，生产效率高、质量好，具有很好的经济性，但也只适用于尺寸较小的滚子。

圆柱滚子中间工序的加工与圆锥滚子的加工相似，其滚动表面的终加工方法与滚子磨凸度的形状有关，主要方法有精磨、精研、超精、抛光和镜面磨削等。

圆柱滚子制造随加工要求、加工条件、滚子尺寸等的不同，其加工过程也不同。如采用车削毛坯的典型加工过程：

车外径、端面和切断→车倒角和端面→车倒角→软磨外径→热处理→窜氧化皮→粗磨外径→粗磨端面→细磨外径→终磨外径→磨凸度→（抛光）→超精→外观检查→清洗→涂油→计数包装

（4）球面滚子加工过程

球面滚子具有使轴承能自动调心的功能，且可承受大的负荷，但结构较为复杂，制造困难，成本高。球面滚子的形状可分为对称型和非对称型两种。

球面滚子制造过程与其毛坯的成形方法、滚子端面形状、磨削工艺及加工设备等有关，大致的制造过程为：

毛坯成形→窜球带→软磨外径→热处理→窜氧化皮→磨凹端面→磨凸端面→粗磨外径→精磨外径→窜削抛光→终检选别→涂油包装

（5）滚针加工过程

滚针既可用于滚针轴承，又可作为单独产品使用，在轻、重工业中都有着广泛的应用。

滚针的制造过程与滚针端面的结构形状、毛坯的成形方法等有很大关系，在此仅列举一种车削毛坯的圆头滚针的制造工艺过程：

车梯形头折断→窜削→软磨端面→热清洗干燥→镦圆头→软窜圆头→热处理→硬窜圆头→粗磨外径→细磨外径→终磨外径→热清洗、干燥擦净→锯末抛光→终检选别→涂油包装

1.2.6　钢球加工

钢球在球轴承中作为滚动体，是承受负荷并与轴承的动态性能直接相关的零件。在工作中，轴承内的每一个钢球都随着轴承保持架的转动而周期地通过承载区。因此，钢球在工作中承受的是周期性载荷。

钢球的加工工艺应首先满足其成品标准要求，此外还应使采用钢球成品的轴承具有尽可能高的寿命、低的噪声、小的摩擦力和高的可靠性。

钢球的制造工艺过程随毛坯材料的形状、钢球等级以及具有生产条件的不同而有所差异，但其基本工艺过程是相同的，见图1–5。

冷（热）镦→{锉削→软磨 / 光磨1、2}→热处理→强化处理→初研→选别→精研→清洗防锈→成品检查→成品包装

图1–5　钢球制造的一般工艺过程

1.2.7　保持架加工

（1）保持架在滚动轴承中的作用

保持架在滚动轴承中有3个基本作用：

1）等间距分隔滚动体，使滚动体在滚道圆周上均布，以防工作时滚动体之间相互碰撞和摩擦；

2）引导滚动体在滚道上正确地滚动；

3）将滚动体保持住或与一个套圈一起将滚动体保持住。

（2）保持架的基本种类

保持架的种类多种多样，按制造方法可分为冲压保持架、车削保持架、压铸保持架和注塑保持架等。

（3）各种保持架加工的基本工艺特点

1）冲压保持架

冲压保持架一般采用钢板在常温下冷冲压而成。

滚动轴承使用的保持架绝大多数都是由冷冲压方法制造的。冷冲压工艺是塑性加工的基本方法之一。冲压加工时，板料在模具的作用下，在其内部产生使之变形的内力，当内力的作用达到一定程度时，材料毛坯或毛坯的某个部分便会产生与模具形状相对应的变形，从而获得具有一定形状、尺寸和性能的保持架。

冲压保持架的加工一般包括材料的冲裁、弯曲、拉延、成形等内容，均涉及材料的塑性变形性能。

2）车削保持架

车削保持架是一类实体保持架，在滚动轴承中一般是以内圈外径、外圈内径或滚动体引导（使保持架有确定的旋转轴线），而不是以滚动体作引导，其强度比冲压保持架要高，适用于转速较高的轴承。此外，对于生产批量小的大型和特大型轴承保持架，冲压成形的模具费用高，生产周期长，不经济。因此这类保持架也常采用车削整体保

持架。

3）压铸保持架

压铸保持架的原材料为铝合金和黄铜等，将原材料熔化后浇入压铸机的铸压模内，一次将保持架压铸成形。压铸件冷却后在车床上切除浇口。

压铸法的工艺特点：

①保持架直接压铸成形，能获得良好的几何形状和尺寸精度，省去了实体保持架滚动体兜孔的机械加工，生产效率高。

②压铸成形后，金属结晶凝固，组织细密，表面质量好，坚实耐磨。

③材料利用率高，成本显著降低。

④易于实现机械化，使劳动条件得以改善。

4）注塑保持架

将真空干燥粒状的工程塑料置于料筒内，经过电阻丝加热熔化成半液体状态，借助柱塞或螺杆加压，使半液态原料从喷嘴注入注塑成形机的成形模具内，经过保温、冷却后获得所需要的保持架。它的工艺特点如下：

①保持架一次塑注成形，质量由模具保证，能获得精确的几何形状、尺寸精度，表面粗糙度值低，省去了机械加工，故生产效率高。

②模具和注塑成形简单，轴承装配方便，容易实现自动化。

③塑料保持架具有耐磨、防磁和低摩擦等良好性能。

1.2.8 轴承装配

滚动轴承的装配是以一定的方法和要求，把合格的轴承零件组装成符合有关标准的轴承产品的工艺过程。一般情况下，滚动轴承是由内圈、外圈、滚动体和保持架这四大件组成。因此，滚动轴承装配的主要任务有两个：一是将内圈、外圈和滚动体进行尺寸分选，保证规定的配合关系；二是将内圈、外圈、滚动体和保持架组装起来，形成一个比较完整的机械元件，即轴承成品。

轴承装配的基本工艺路线为：

零件退磁→清洗擦净→库存零件初选→配套零件公差订制→选别→配套→游隙检查→包装（紧固保持架）→选别→退磁清洗→成品检查→涂油防锈→成品包装

1.3 轴承零件的常见缺陷及危害

轴承零件中常见的缺陷有原材料缺陷、锻造缺陷、淬火裂纹。磨削裂纹以及其他类型缺陷。

1.3.1　原材料缺陷

（1）原材料常见缺陷的危害

1）材料裂纹

原材料中存在裂纹在使用过程中易沿材料裂纹处产生疲劳开裂，造成轴承早期失效，缩短轴承使用寿命，见图 1–6 和图 1–7。如果轴承零件表面存在材料裂纹，在轴承使用过程中，轴承零件之间相互接触摩擦，极易在材料裂纹处产生剥落，随着使用时间的延长，剥落面积及深度会逐步扩展，最终导致转动轴出现卡滞甚至断裂。

图 1–6　材料表面裂纹外观形貌

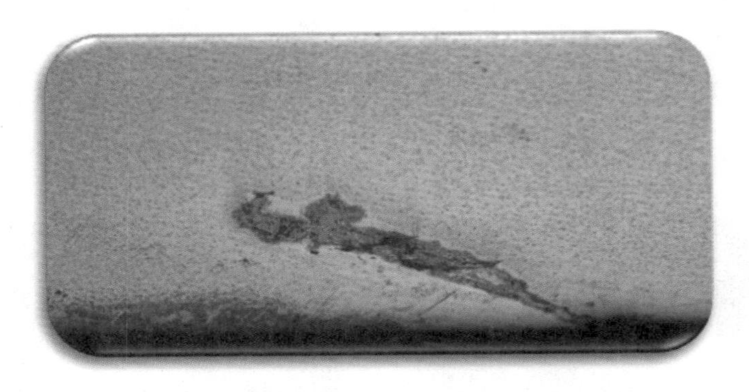

图 1–7　材料表面裂纹横截面金相形貌

2）发纹

如果轴承零件上有严重的发纹缺陷，在使用过程中易在缺陷处扩展成为裂纹，产生疲劳剥落（见图 1–8 和图 1–9），影响轴承使用寿命。

3）缩孔残余

如果轴承滚动体存在材料缩孔，其心部韧性会大大降低，脆性会大大增加，滚动体的抗压强度会剧烈降低，当外力超过滚动体所能够承受的载荷时，滚动体极易碎裂，造成轴承早期失效，见图 1–10 和图 1–11。

4）材料夹杂或夹渣

工作表面或次表层存在较大材料夹杂的轴承零件，夹杂物或夹渣割裂了基体的连续性，易在其尖角或边缘位置产生极大的应力集中，形成显微裂纹并逐步扩展为裂纹延伸，加速滚动面的疲劳剥落（见图 1–12 和图 1–13），使轴承早期失效。

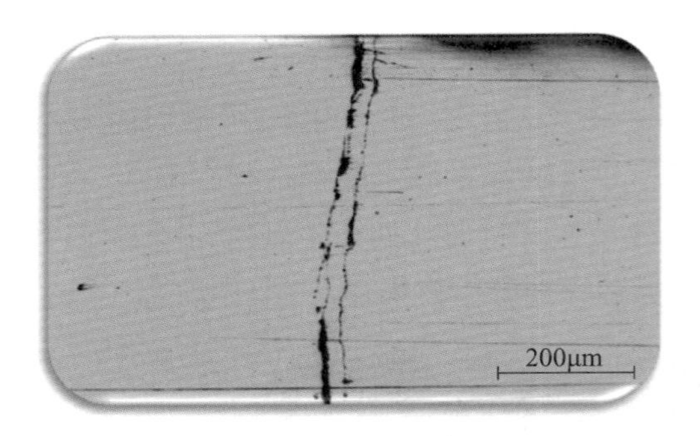

图 1–8　材料发纹横截面显微形貌图

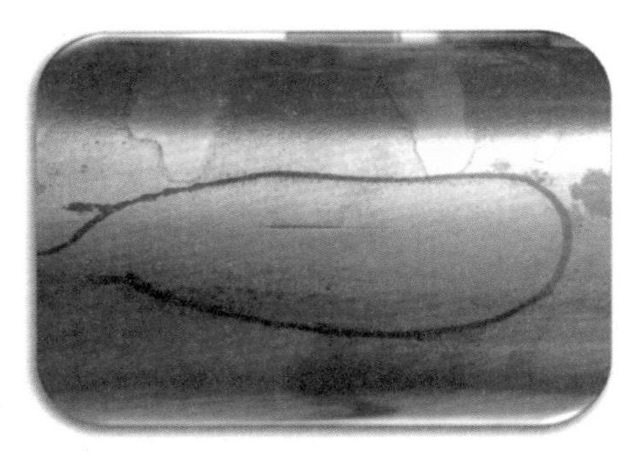

图 1–9　材料发纹横截面金相形貌

图 1–10　材料缩管外观形貌图

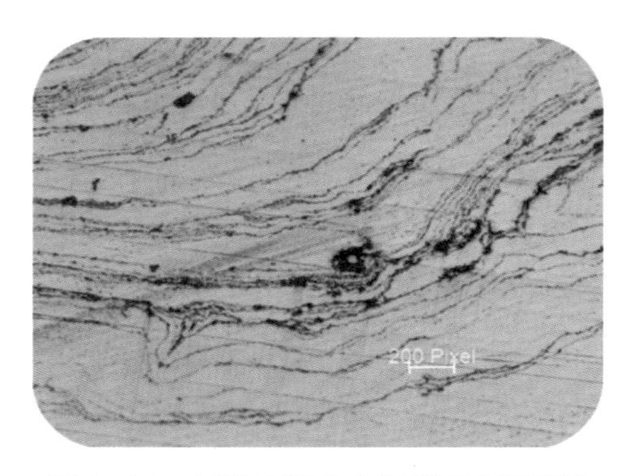

图 1–11　材料缩管残余横截面金相形貌

图 1–12　材料夹杂磁痕外观形貌

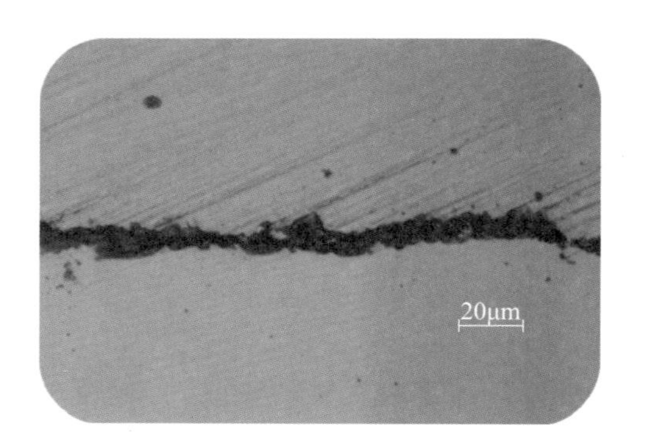

图 1–13　材料非金属夹杂显微形貌

5）带状碳化物

轴承零件有带状碳化物存在（特别是存在于零件表面）时，带状碳化物割裂了基体的连续性，造成轴承零件表面硬度分布不均匀，耐磨性能出现差异化，同样可能会使轴承零件表面局部存在应力集中，从而造成轴承零件表面出现早期剥落（见图 1–14 和图 1–15），使轴承出现早期失效现象。有文献指出，带状碳化物的级别越低，轴承零件的耐磨性能越好。

图 1–14　带状碳化物磁痕形貌

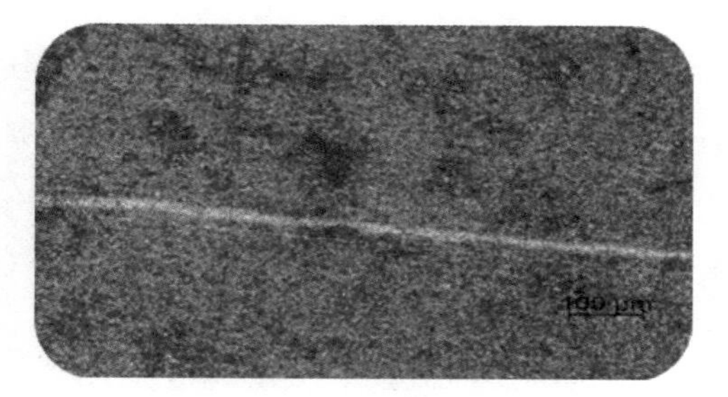

图 1–15　带状碳化物显微形貌

（2）形成原因

造成钢材产生以上各种缺陷的因素有很多，例如钢材内部存在显微孔隙、皮下气泡、大块的非金属夹杂物等。提升冶炼水平和能力，采用先进的冶炼技术，控制杂质元素的含量，提高冶炼纯净度，合理地选择轧制工艺参数等，可以尽可能地防止原材料缺陷的产生。

（3）预防措施

一是选用优质品牌的钢材；二是提高轴承钢原材料的进厂检测水平和检测能力，特别是 100% 无损检测，杜绝原材料缺陷超标的钢材进入生产流程。

（4）检测仪器

工业 CT 机、电子探针显微分析仪、扫描电子显微镜、金相显微镜等检测仪器可对原材料缺陷进行针对性检测，比如缺陷位置、大小、性质及形貌特征等，分别见图 1–16～图 1–19。

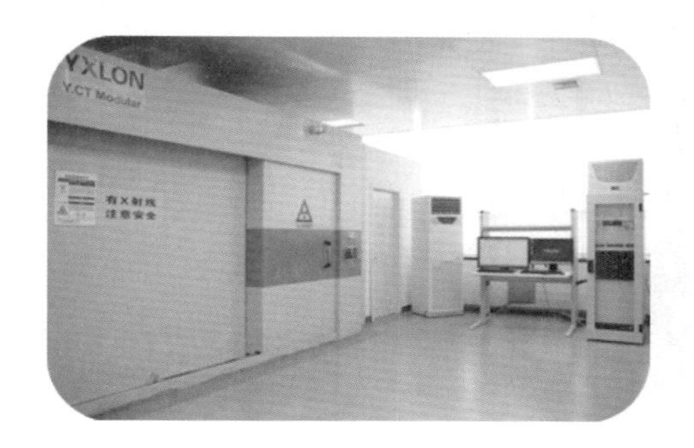

图 1–16　工业 CT 机

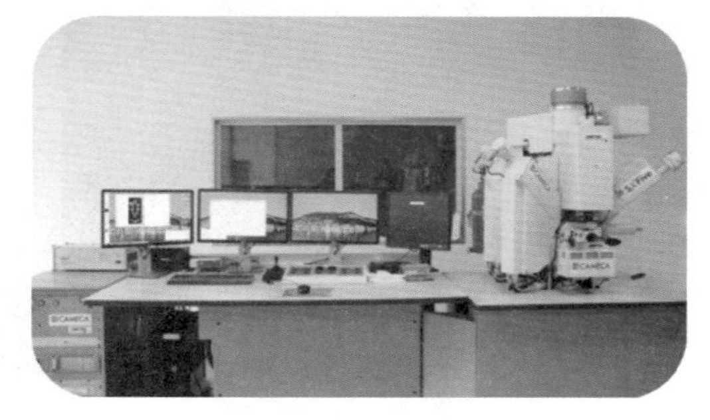

图 1–17　电子探针显微分析仪

1.3.2　锻造缺陷

（1）锻造缺陷的危害

1）锻造折叠

存在锻造折叠缺陷的轴承零件由于折叠处基体不连续，硬度不均匀等，在使用过程中折叠处极易产生开裂剥落，造成轴承早期失效，见图 1–20 和图 1–21。

图 1–18 扫描电子显微镜系统

图 1–19 倒置式金相显微镜及图像分析

图 1–20 锻造折叠外观形貌

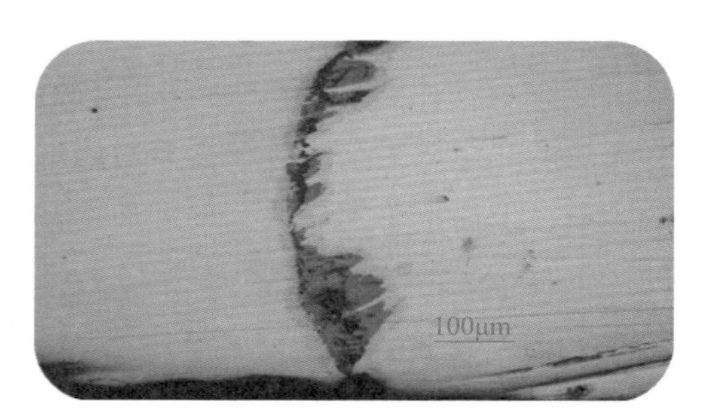

图 1–21 锻造折叠截面金相形貌

2）锻造撕裂

撕裂处基体不连续，易在缺陷处产生疲劳剥落，造成轴承早期失效，见图 1–22 和图 1–23。

图 1–22 锻造撕裂磁痕形貌

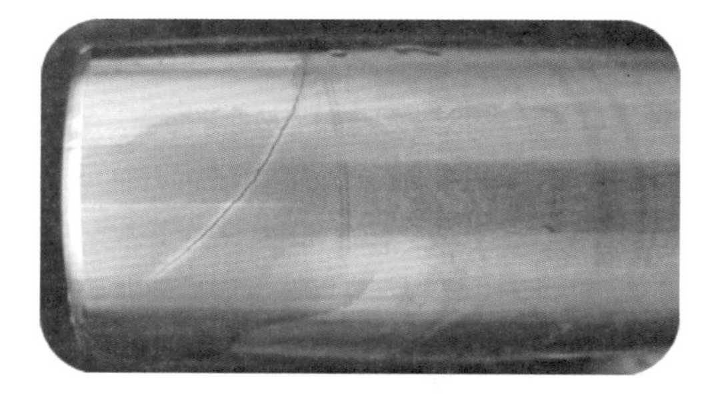

图 1–23 锻造撕裂脱贫碳形貌（冷酸腐蚀后）

3）锻造过烧

锻造时如果坯料加热温度超过锻造工艺规定的上限，并且在此温度下保温时间又长，则材料会出现过热，严重时导致过烧。锻件发生过烧以后，金属显微组织中晶界被氧化导致开裂，或者晶界发生熔化，形成尖角状孔洞，见图 1–24 和图 1–25。锻件过烧后，材料的塑性和冲击韧性严重降低，导致轴承零件承载能力严重降低，而且锻件过烧产生的显微孔洞、显微裂纹很可能会成为轴承接触疲劳失效的疲劳源。

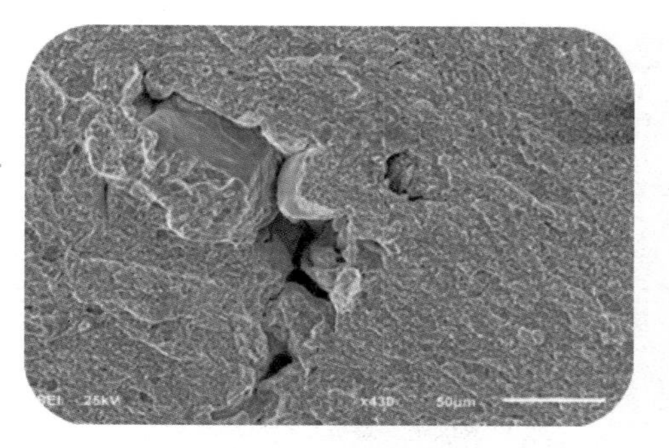

图 1-24　锻造过烧孔洞形貌 SEM

图 1-25　锻造过烧孔洞局部形貌

（2）形成原因

1）锻造折叠

锻造过程中，如果锻坯表面存在毛刺等缺陷，锻压时将毛刺压入基体，或者锻坯表面不平整，造成其中一部分压入基体表面，从而形成“分层”。折叠也可以是由于金属变形过程中发生弯曲、回流而被压入金属基体表面形成，还可以是锻造过程中部分金属局部变形，被压入金属基体表面而形成。

2）锻造撕裂

轴承零件毛坯锻造时，如果锻造变形力过大，超过材料的抗压强度或抗拉强度，将会产生在毛坯上发生撕裂，称为锻裂。或者锻造后因毛坯表面冷却速度过快，毛坯内外温差过大，冷缩应力过大而造成毛坯撕裂，称为冷裂。

3）锻造过烧

锻造时如果坯料加热温度超过工艺规定的上限，并且在此温度下保温时间又长，则材料会出现过热，严重时导致过烧。

（3）预防措施

预防锻造缺陷的产生应严格控制锻造工艺、优化锻造流程，控制模具的匹配性。

1）锻造折叠

锻造前及时去除坯料表面毛刺、氧化皮等，尽量保持坯料表面齐整，同时采取增大模具圆角半径，加强锻造润滑等措施。

2）锻造撕裂

严格控制锻造变形力、坯料变形比、始锻温度和终锻温度，锻造中与锻造后应避免锻件冷却速度过快。

3）锻造过烧

严格按照工艺控制坯料加热温度，尽可能采取锻造工艺规定的始锻温度下限，经常对加热炉进行维护保养，保证温度检测仪表的准确性，防止出现跑温现象。

（4）检测仪器

可以检测锻造缺陷的仪器有工业 CT 机、电子探针显微分析仪、扫描电子显微镜、金相显微镜、超声相控阵探伤仪、数字式超声探伤仪等，分别见图 1–16～图 1–19、图 1–26 和图 1–27。

图 1–26　超声相控阵探伤仪

图 1–27　数字式超声探伤仪

1.3.3　热处理缺陷

热处理常见缺陷主要为淬火裂纹、淬火软点、变形等，其中以淬火裂纹的危害最大，是不允许在成品零件中出现的。热处理变形可以通过后续精加工予以修正，淬火软点属于淬火不均匀或者材料本身显微组织不均匀或者成分不均匀所致，通常会导致轴承零件局部耐磨性不足。

（1）淬火裂纹的危害

存在淬火裂纹的轴承零件在使用的过程中受到外力作用时，由于裂纹处的基体不连续，局部出现应力集中，极易在裂纹处出现剥落或者裂纹扩展（见图 1–28 和图 1–29），最终导致轴承失效。

图 1–28　淬火裂纹荧光磁痕形貌

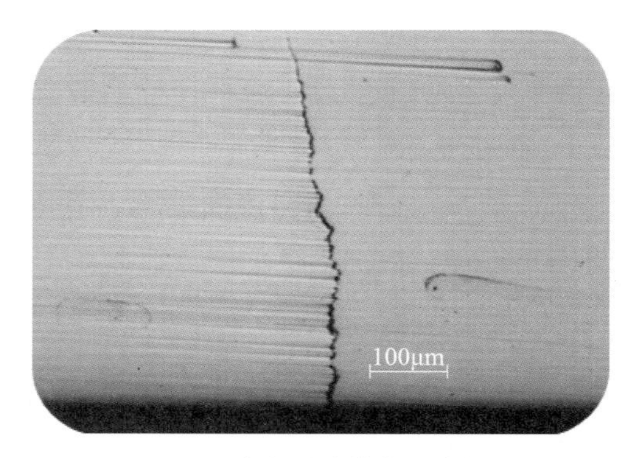

图 1–29　淬火裂纹横截面金相形貌

（2）形成原因

淬火裂纹是轴承零件在淬火时承受到各种应力的叠加，包括冷热应力与显微组织转变应力，这些应力在零件内的分布很不均匀，当应力集中在零件某部位并超过该部位的断裂强度时，就产生了淬火裂纹。

（3）预防措施

材料检验方面：应加强材料检验，特别要控制材料的表面外观质量；

设计方面：零件表面应尽可能减少尖角等易产生应力集中的部位，或者尽可能采取增大该部位的圆角半径等措施；

热处理工艺方面：严格控制各种热处理工艺参数，例如在保证热处理工艺要求的前提下，采用热处理工艺温度下限，及时维护保养加热炉以及保证温度检测仪表的准确性，选择合适的冷却淬火介质等。

1.3.4　磨削烧伤与磨削裂纹

（1）磨削烧伤和磨削裂纹的危害

磨削烧伤区域硬度分布不均匀，烧伤部位硬度相对正常区域较低，存在磨削烧伤的零件在使用过程中受到外力作用时，由于硬度达不到标准要求，易产生塑性变形或者剥落以及局部磨损，最终导致轴承失效。

磨削裂纹割裂了基体的连续性，裂纹附近存在应力集中。存在磨削裂纹的产品，在轴承安装和使用过程中极易产生整体性断裂，见图 1–30～图 1–33。如果裂纹分布在滚道表面，会导致产品早期失效。

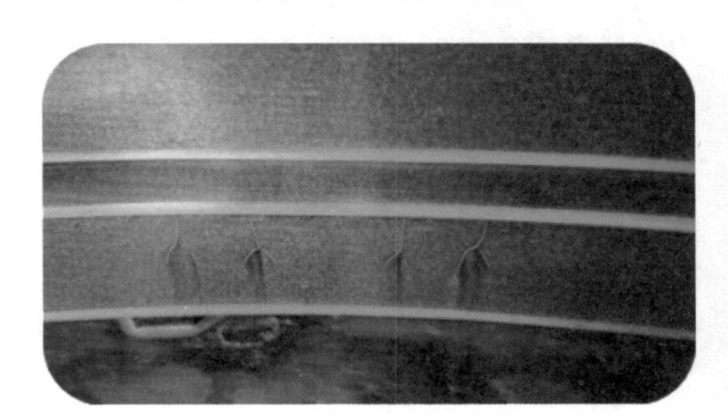

图 1–30　磨削裂纹荧光磁痕形貌

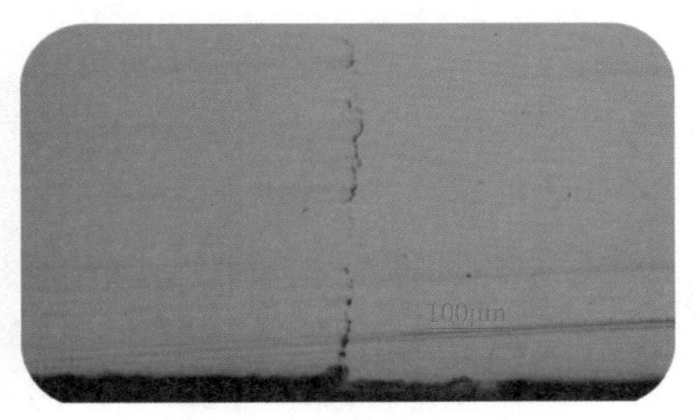

图 1–31　磨削裂纹横截面金相形貌

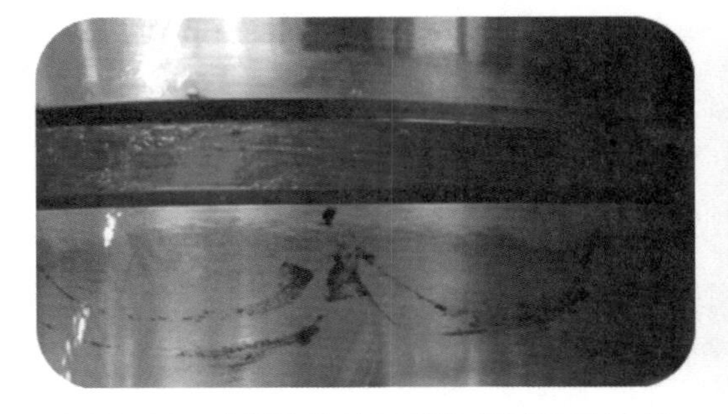

图 1–32　磨削烧伤外观形貌（冷酸腐蚀后）

图 1–33　磨削烧伤截面金相形貌

（2）形成原因

磨削烧伤的形成主要是由于零件在磨削过程中产生的热量不能及时被冷却液带走，

温度持续升高，造成零件表面组织发生变化所致，通常表现为酸洗后零件表面呈现黑色和灰白色斑块。

磨削裂纹的形成原因是多方面的，例如磨削过程中不按照工艺要求设置工艺参数（例如进给量过大），砂轮表面砂粒变钝，砂轮或者机床未调整到位，冷却液供给不足或者冷却性能达不到要求。

（3）预防措施

严格按照加工工艺图纸要求，严禁私自修改磨削工艺参数设置，及时更换砂轮、冷却液，定期检测冷却液性能，保证冷却液供给充分等。

（4）检测仪器

可以检测磨削裂纹和磨削烧伤的仪器主要有电子探针显微分析仪、扫描电子显微镜、金相显微镜、高温硬度计、磨削烧伤检测仪等，分别见图 1–16～图 1–18、图 1–34 和图 1–35。

图 1–34 高温硬度计

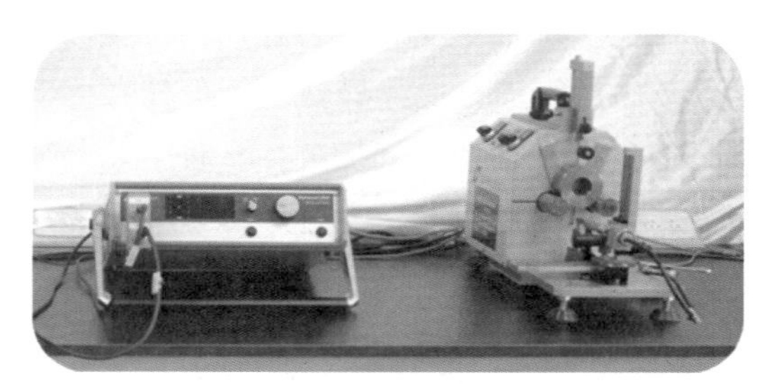

图 1–35 磨削烧伤检测仪

1.3.5 其他缺陷

在轴承零件的装配、运输、存储过程中，由于操作不当、保存环境恶劣等原因，会导致轴承产品表面出现难以恢复的损伤，如磕碰伤、磕碰裂纹、锈蚀、腐蚀坑、滚道面伪布氏压坑等缺陷（见图 1–36～图 1–39）。这些缺陷的产生将直接造成轴承产品报废或使用寿命缩短，因此在轴承零件的装配、运输、存储过程中均应加以关注和重视。

图 1–36 机械伤外观形貌

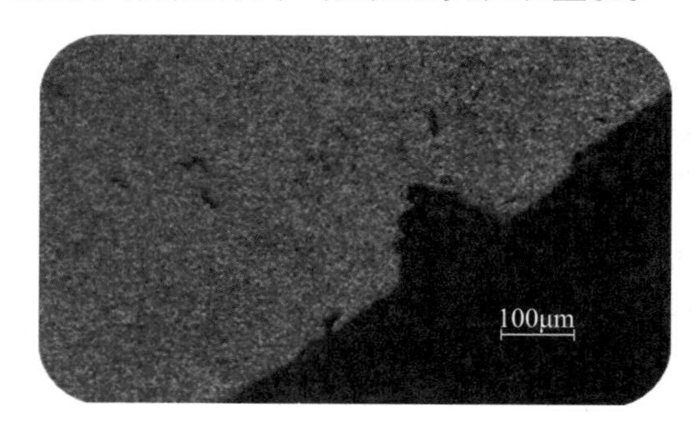

图 1–37 机械伤截面形貌

检测仪器：可以检测机械伤、腐蚀坑的仪器主要有电子探针显微分析仪、扫描电子显微镜、金相显微镜等，分别见图 1–16～图 1–18。

图 1–38 腐蚀坑外观形貌

图 1–39 腐蚀坑截面显微形貌

1.4 轴承零件的常用无损检测方法

轴承零件的常用无损检测方法有：磁粉检测、超声检测、超声相控阵、渗透检测、涡流检测、目视检测等。

1.4.1 轴承材料及套圈的无损检测

原材料为棒材时，在进厂时应在料库就进行圆周毛面径向入射纵波检测，采用接触法单晶直探头，耦合剂为机油或浆糊，或者采用水浸自动化超声进行圆周毛面径向入射纵波检测（见图 1–40），这样可以及时切除存在不合格缺陷的部分，或打磨去除表面缺陷，避免后续加工的人力工时浪费。此项通常由钢材制造厂承担并提供探伤合格证书。

图 1–40 棒材超声检测现场

原材料为钢锭时，则在开坯锻造并扩孔成为毛坯后就酸洗或吹砂的毛面状态进行端面轴向入射纵波检测和组合双晶直探头的外圆周面检测，这样可以在车削加工前就剔除存在不合格缺陷的毛坯，避免后续加工的人力工时浪费。

原材料为管材时，对于大直径厚壁管材应采用接触法或水浸自动化法的圆周面径向入射纵波检测和弦向横波检测；对于小直径薄壁管材可采用外穿过线圈法的自动化涡流检测，这样可以及时切除存在不合格缺陷的部分，或打磨去除表面缺陷，避免后续加工的人力工时浪费。此项通常由钢材制造厂承担并提供探伤合格证书。

轴承套圈制作完成后，除了进行荧光磁粉检测外（见图 1–41），还有渗透检测（见图 1–42），对于要求高的轴承套圈还需要进行接触法超声检测（见图 1–43 和图 1–44）或者水浸自动化超声检测（见图 1–45），采用组合双晶直探头或聚焦探头在外圆周面做偏心扫查，以实现小角度纵波或横波检测（有利于检出扩孔锻造产生的径向裂纹）。

图 1-41　轴承外圈荧光磁粉检测现场

图 1-42　轴承套圈渗透检测现场

图 1-43　大型轴承外圈毛坯超声检测现场

图 1-44　轴承内圈超声检测现场

图 1-45　轴承外圈水浸自动化超声检测现场

1.4.2 轴承滚动体的无损检测

用于制造轴承滚动体的原材料为棒材和线材。对于直径较大的棒材，在进厂时应在料库就进行圆周径向入射纵波接触法检测。棒料表面应经过机加工，采用组合双晶直探头或骑马式双晶探头，耦合剂为机油或浆糊；对于直径较小的棒材及线材可采用外穿过线圈法的自动化涡流检测，这样可以及时切除存在不合格缺陷的部分，避免后续加工的人力工时浪费。此项通常由钢材制造厂承担并提供探伤合格证书。

对于轴承滚子，首先原材料要进行超声波探伤（见图 1–46），工序间进行 8 工位的非荧光磁粉检测（见图 1–47）和超声相控阵检测滚子现场（见图 1–48），钢球应进行涡流检测（见图 1–49）。

图 1–46 小直径棒材超声检测现场

图 1–47 滚子超声检测现场

图 1–48 超声相控阵检测滚子现场

图 1–49 涡流检测钢球现场图

1.4.3　轴承保持架的无损检测

由于轴承保持架多为板材冲压制成，或者为压铸件、注塑件，其特点为壁薄、形状复杂，因此，适宜采用水洗型荧光渗透检测以保障生产效率（见图 1-50）。

图 1-50　荧光渗透检测准备现场图

第2章 轴承零件制造工艺

2.1 套圈制造工艺

滚动轴承一般由内圈、外圈、滚动体和保持架组成。目前轴承套圈制造主要分为下料、毛坯成型、半精加工、热处理、精密加工几个过程，并在其中穿插如：酸洗、磁粉检测、退磁清洗、附加回火等检验及辅助工序。

套圈原料多为棒料（部分为管料），经过冷切或热切下料，形成料胚。料坯成型的主要方式为锻造（镦粗、扩孔），其目的是获得与产品形状相似的毛坯，提高金属材料利用率，改善金属组织，使金属流线分布合理，从而提高轴承的使用寿命。锻造加工主要工序有加热、锻造成型、正火或退火。锻件根据批量大小采用自由锻、辗压成型、高速镦锻等不同的锻造方式。以热电偶温度控制器、红外温度传感器实时对始锻和终锻温度进行过程监控，锻造完成后采用各类理化、金相检测仪器对锻件的显微组织、机械性能进行抽检。

套圈的半精加工则以车削加工为主，铣、镗、钻为辅。车削加工生产过程主要包括两个环节：粗车成形、精车加工。粗车成形是切除锻件毛胚的尺寸不准确、形状不规则和表面氧化变质层，为精车加工提供较好的基础。而精车加工则最终达到产品零件形状和热处理前的车削工序成品尺寸和精度要求。目前，轴承行业内车削加工设备主要采用专用车床和精密数控车床相结合的方式，既提高了生产效率又满足车削工序成品零件精度要求。在车削工序成品零件的尺寸形状检验方面，生产现场配备有常规轴承检测仪器（如：D712、G903 等）和轮廓仪等。

完成精车加工的轴承套圈将进入热处理工序，这是提高轴承内在质量的关键加工工序。轴承套圈通过热处理加工使材料显微组织转变，提高材料机械性能及轴承内在质量（耐磨性、强韧性），从而提高轴承使用寿命。

目前轴承套圈热处理的主流工艺流程为：加热、淬火、清洗、回火，热处理设备多为带保护气氛热处理炉。轴承套圈热处理质量的检测主要使用台式硬度计（可检洛氏硬度、布氏硬度）和金相检测仪器进行抽检，能够满足不同材料热处理生产需要。对于大型轴承套圈还可使用里氏硬度计进行百分之百检查。

轴承套圈热处理后将进行精密加工，即精密磨削、超精研加工，为轴承套圈的终加工阶段。其目的是使套圈尺寸精度和形状精度达到设计要求。在本阶段，轴承制造工艺人员会根据产品不同的精度等级，在生产加工中采用不同的工艺流程。如：P4、P5 级产品采用初磨循环→一次附加回火→细磨循环→二次附加回火→终磨、超精工艺流程；P6、P0 采用初磨循环→终磨、超精加工工艺流程。加工设备目前也多为自动化生产线，机床带有主动测量功能，能够实时将加工尺寸反馈给机床，保证了产品加工质量。生产现场除常规检测仪器外，还配有轮廓仪、圆度仪、三坐标测量仪等精密仪器，能满足各种精度产品的测量要求。

以图 2–1 和图 2–2 为例，其加工工艺流程如下：

下料→加热→锻造成型→退火（正火）→锻件检查→粗车→精车→车工检查→加热→淬火→清洗→回火→热处理质量检查→初磨加工→酸洗→第一次附加回火→细磨加工→二次附加回火→终磨加工→磁粉检测→超精加工→退磁清洗→成品零件检测

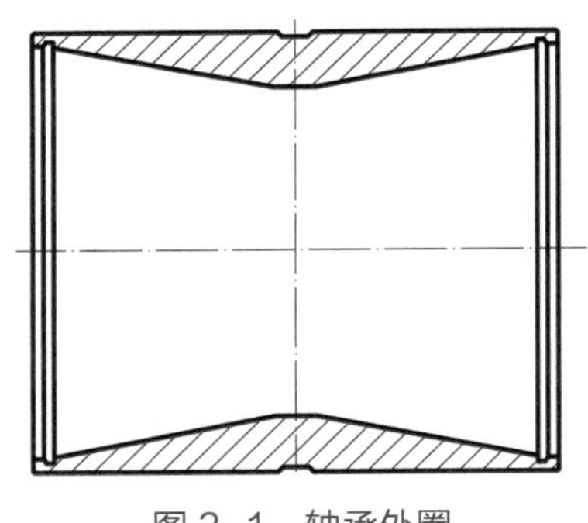

图 2–1　轴承外圈

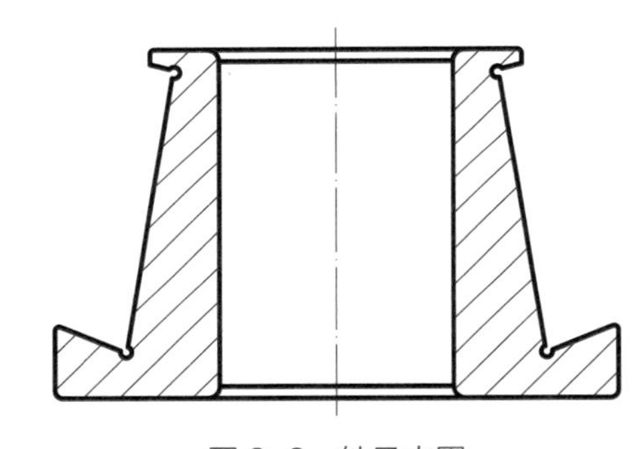

图 2–2　轴承内圈

2.2　滚动体制造工艺

滚动体是滚动轴承中最不可缺少的零件，按照种类可分为滚子（滚柱、滚针）和钢球两类。滚动体在内、外套圈的滚道上滚动，减小了支承摩擦，实现轴与机座的相对旋转、摆动或往复直线运动。目前滚子制造过程主要分为：下料、毛坯、热处理前软磨、热处理、热处理硬磨、精加工 6 个阶段。

轴承滚子原材料为棒料，经过冷切下料，形成料坯。料坯经过冷镦机挤压成型或车加工，成为滚子毛坯。毛坯件经过砂轮软磨（热处理淬火前磨削）使滚子毛坯获得与产品相同形状和较好的尺寸及形位公差，为后续精加工提供了基础。滚子毛坯热处理前的检测项目主要为直径尺寸、长度尺寸、位移及外观等，使用检测仪器为 D743、D744 常规的轴承检测仪。

滚子热处理目的和生产流程与轴承套圈相同，通过控制加热和冷却的温度及时间，获得预期的金相组织（马氏体或贝氏体）及物理和机械性能。检测仪器主要有硬度计（可检洛氏硬度、布氏硬度）和金相检测仪器进行抽检。

滚子的精加工通过磨削和超精研磨完成。其中磨削工序完成滚子最终尺寸及形位公差的加工。

目前滚子的磨削加工分为磨端面、磨球基面、磨滚动面 3 个主要工序。

磨端面工序多采用加工效率高且精度较好的双端面磨床，为后续工序提供加工基准；磨滚子球基面工序采用范成法磨削，通过滚子圆周运动与砂轮自身回转轨迹的耦合，完成产品要求的球基面曲率及粗糙度的加工；磨滚动面工序则一般采用贯穿式无心磨床，选用较小粒度的刚玉砂轮磨削，其特点是加工效率高，但无法完成有特殊要求的轮廓形状加工，后期需要由超精研工序来完成。

滚动体中钢球磨削加工相对简单，钢球半成品通过定制铸铁料盘与转动砂轮板在一定压力下磨削，进一步改善钢球表面质量和形状。超精研磨工序主要完成轮廓及表面粗糙度的最终加工。

滚子的超精研磨加工是一排油石压在由超精辊驱动的自旋前进的滚子上往复震荡，实现对滚子的超精加工。而钢球的超精研磨则是在加注了研磨液的上下两个铸铁精研板中，在一定压力下随着精研板转动实现对钢球的精研加工。

目前，滚动体精加工的检验项目主要有滚子（球）直径、长度、圆度等，使用仪器有 G903、D743 等常规检测仪器及轮廓仪、圆度仪等精密仪器。

图 2–3 和图 2–4 为滚子和钢球制造工艺流程：

滚子：

下料→冷镦→车削加工→软磨→热处理前检查→加热→淬火→清洗→回火→
热处理质量检查→初磨两端面→初磨球基面→初磨滚动面→酸洗→第一次附加回火→
细磨两端面→细磨滚动面→二次附加回火→终磨两端面→终磨球基面→终磨滚动面→
磁粉检测（对于有特殊要求的尺寸较大的滚子还要进行超声探伤）→超精滚动面→
退磁清洗→成品零件尺寸检验

钢球：

下料→冷镦→车削加工→软磨→热处理前检查→加热→淬火→清洗→回火→
热处理质量检查→硬磨球面→附加回火→酸洗→初研球面→
选别（按不同直径对钢球进行分组）→精研球面→酸洗→清洗擦净→成品零件检验及等级分选

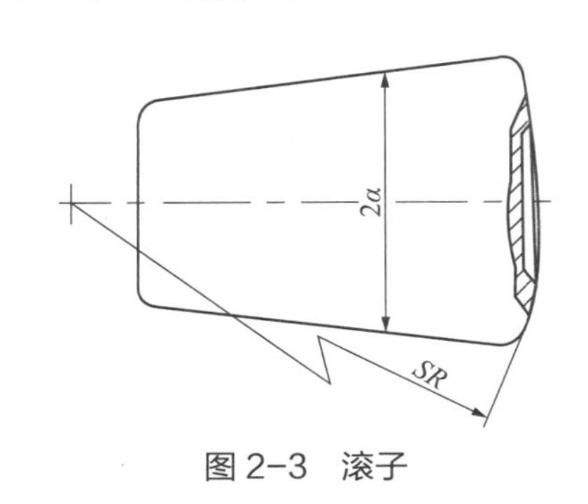

图 2-3　滚子

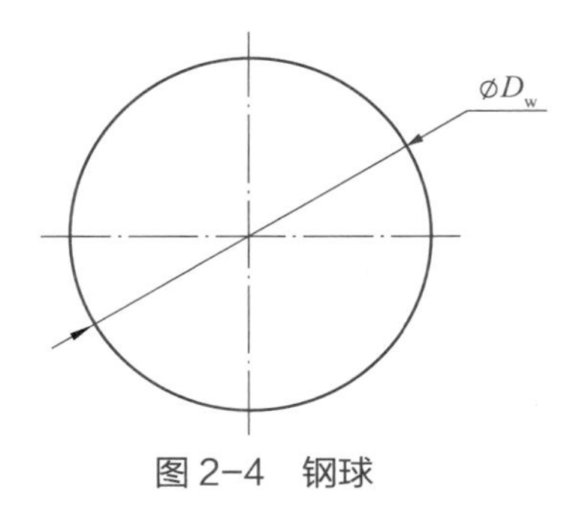

图 2-4　钢球

2.3　保持架制造工艺

轴承保持架的作用是把滚动体均匀隔开，并引导滚动体运动。

保持架按制造材料可分为冲压保持架和实体保持架。冲压保持架制造原料为钢板，下料时通过剪床将钢板裁剪成相应宽度的条状钢带，然后送入冲床加工成保持架坯料。坯料最后经过压力机模具冲压成型，完成保持架的制造（见图 2–5）。实体保持架毛坯一般通过浇铸成型，经过粗车加工达到保持架成品的形状，而后通过精密数控机床的精车、钻、镗加工方式，完成精密加工，达到最终成品要求（见图 2–6）。

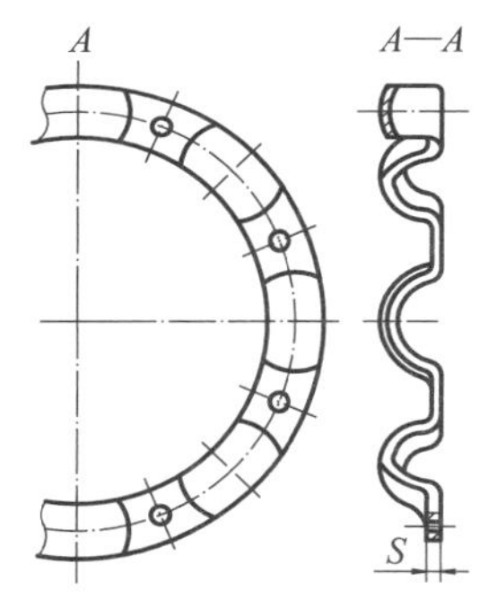

图 2-5　冲压保持器

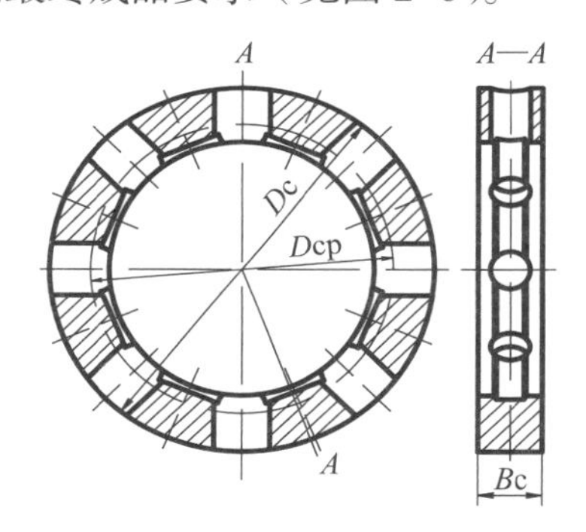

图 2-6　实体保持器

以下为冲压保持架和实体保持架主要工艺流程：

冲压保持架：裁剪→下料→冲压成型→去毛刺→酸洗→清洗防锈

实体保持架：浇铸→粗车→精车→钻、镗加工→去毛刺→清洗防锈

图 2–7 为一种双列滚子轴承的结构示意图，图中可以看到轴承内外圈、塑料和金属保持架以及滚子。

图 2-7　成品轴承剖分图

第3章 轴承磁粉检测基本原理

3.1 磁粉检测的基本原理

3.1.1 基本原理

铁磁性材料工件被磁化后，在表面和近表面如有不连续性（材料的均质状态即致密性受到破坏）存在时，将使工件表面和近表面存在不连续性处的磁力线发生局部畸变，泄漏到空气中而产生漏磁场，这种漏磁场能吸附施加在工件表面的磁粉，在合适的光照下将形成目视可见的磁痕，从而显示出不连续性的位置、大小、形状，见图 3–1。

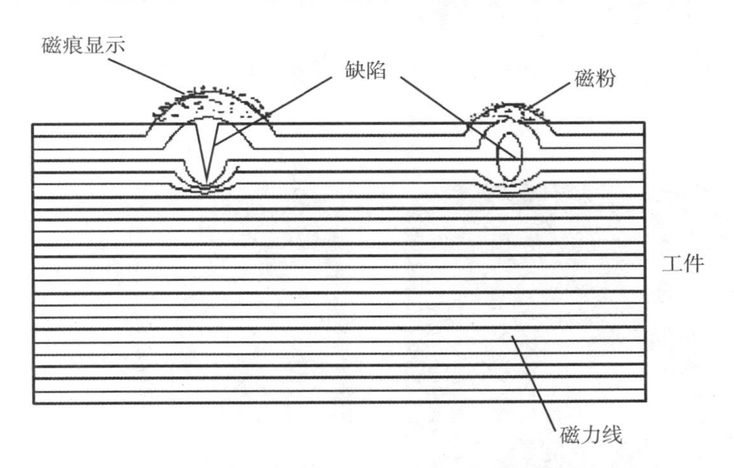

图 3–1　工件表面与近表面不连续性处的漏磁场和磁痕分布

3.1.2 优缺点

磁粉检测的优点主要有：设备简单、操作容易、检验迅速、成本低、具有较高的探伤灵敏度、可用来发现铁磁材料的表面或近表面的缺陷。其局限性在于仅能应用于磁性材料，且无法探知内部缺陷。

3.2　磁粉检测的设备

常用的轴承磁粉检测设备见图 3-2 ～图 3-16。

图 3-2　检测轴承外圈的非荧光磁粉检测设备

图 3-3　检测轴承内圈的非荧光磁粉检测设备

图 3-4　检测轴承滚动体的荧光磁粉检测设备

图 3-5　检测轴承内圈的非荧光磁粉检测设备

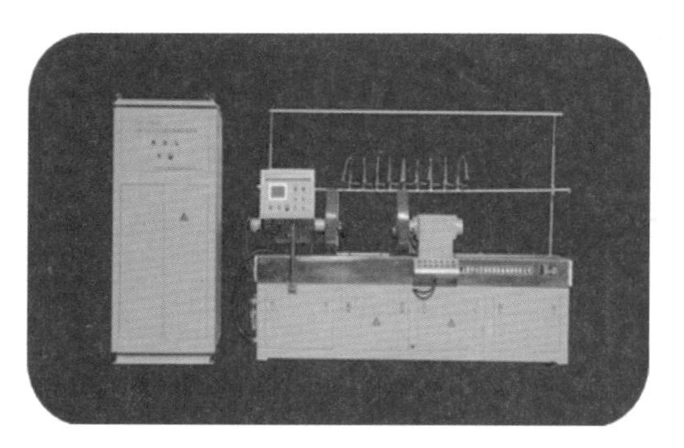

图 3-6　检测轴承套圈的非荧光磁粉检测设备

图 3-7　检测轴承套圈的荧光磁粉检测设备

图 3-8　检测轴承套圈的荧光磁粉检测设备

图 3-9　检测轴承套圈的非荧光磁粉检测设备

图 3-10　大型中心导体磁粉检测设备

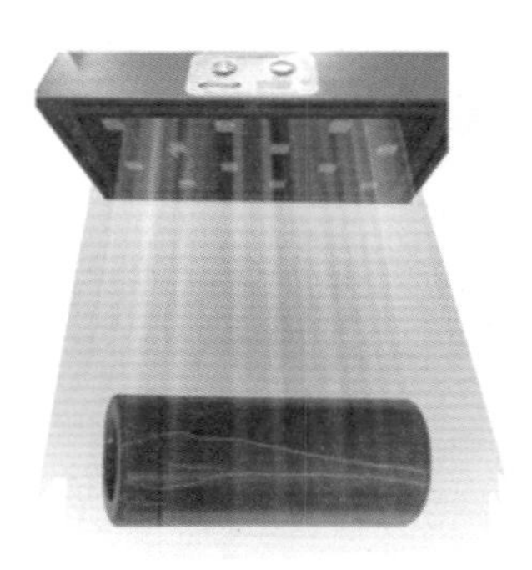

图 3-11　检测轴承零件用的面积型黑光灯

图 3-12　移动式交直流磁粉检测仪

图 3-13　交直流荧光磁粉检测设备

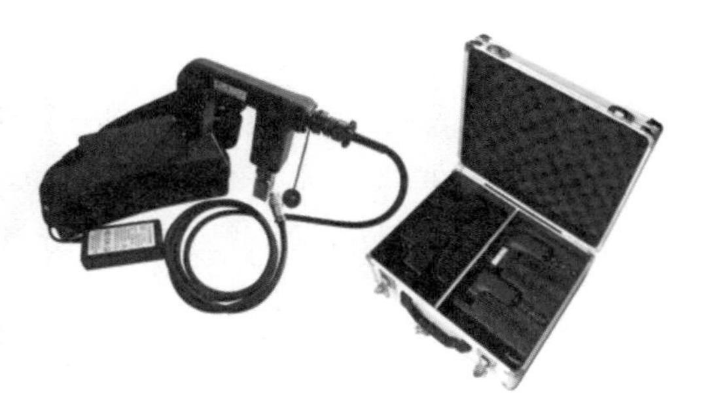

图 3-14　手持式磁轭探伤仪

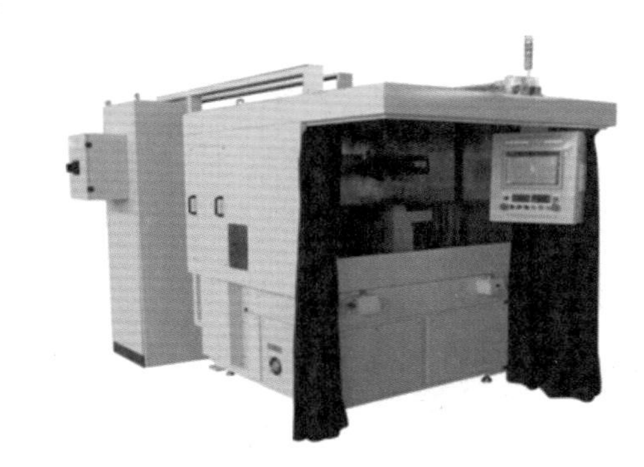

图 3-15　交流荧光磁粉检测设备

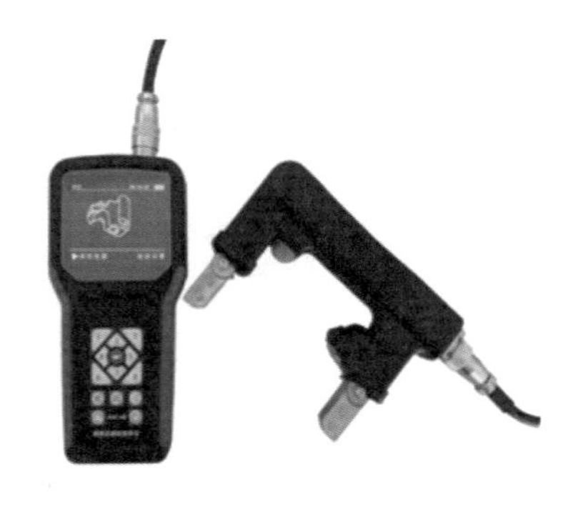

图 3-16　手持式磁轭探伤仪

3.3　磁粉检测光照度及环境要求

3.3.1　相关技术文件的规定

1）国内外磁粉检测标准中均对被检工件表面光照度作了明确规定，如 GB/T 15822.1—2005/ISO 9934-1：2001《无损检测　磁粉检测　第 1 部分：总则》中规定："非荧光磁粉应当在白光照射下进行观察，白光强度不小于 500lx，荧光磁粉的磁痕应在白光强度不大于 20lx 的阴暗环境下用紫外灯进行观察，紫外灯的发光亮度应不低于 1000μW/cm^2。

2）在 NB/T 47013.4《承压设备无损检测　第 4 部分：磁粉检测》标准的相关章节中规定："非荧光磁粉检测时，磁痕的评定应在可见光下进行，通常工件被检表面可见光照度应大于或等于 1000lx；当现场采用便携式设备检测，由于条件所限无法满足时，可见光照度可以适当降低，但不得低于 500lx"。

3）国际标准化组织（ISO）磁粉检测标准磁粉检测设备标准，如：ISO 3059《无损检验　渗透和磁粉检验观察条件　黑光源间接评定方法》；磁粉检测零件标准，如：ISO 1290《焊缝无损检测　焊缝磁粉检测》。美国标准，如：ASTM E2297《渗透和磁粉检测方法用 UV-A 与可见光源及测量标准指南》。欧洲标准，如：EN ISO 3059《无损检测　渗透检测和磁粉检测　观察条件》、EN 1290：1998/A2：2003《焊缝无损检测　焊缝磁粉检测》。我国标准，如：GB/T 5097《无损检测　渗透检测和磁粉检测　观察条件》。

综上所述，无论是哪个国家或者哪一行业标准，对磁粉检测时的光照度尽管在数值上的规定有一定的差异，但还是都有要求的。如何来规范和实施这些标准上规定的最低要求，首先要认识光照度对检测结果的判定的可靠性是十分重要的。

3.3.2　光照度与磁粉检测结果判定的可靠性

在我国或世界上任何一个国家，在磁粉无损检测方法中，均明确了光照度的要求。

可见光照度的重要性，主要是会对磁粉检测结果的判定带来很大的影响。一种无损检测方法的实施，作为最终结果的判定还是要由人来下结论。因此，检测人员的素质及检测条件的好坏都会导致最后的判定结果的准确与否。强调光照度的指标要求和检测对象是息息相关的。通常人的眼睛在白光下对颜色的对比度是 1∶6，如创造较好的光照度和合适的观察环境，那么对比度最高可达 1∶9。人的眼睛在黑暗的条件下对光的对比度可达 1∶300，如创造较好的光照度和合适的观察环境，则对比度最高可达 1∶1000。因此，为了发现细小的缺陷往往会选择荧光磁粉或荧光渗透的表面检测方法。并且，为了防止小缺陷漏检，应尽量在暗处进行观察，这里指的暗处就是要求环境光线小于 20lx。

3.3.3 控制光照度的几种常用方法

（1）检测可见光的白光照度计测试

在工作场所，对于非荧光磁粉检测，可以采用白光照度计在被检工件表面进行测试。但由于国内的大多数企业往往不具备这样的测试设备，在全面执行白光照度计测试工作场所光线的要求下，还有一定的困难。因此，依据对白光强度认识的基础，可以借鉴和运用试验数据来达到对白光照度的了解。以日常摄影为例，如果是晴朗好天气，在野外的白光照度都会大于 1000lx，即使在阴天的野外，其白光照度也大于 500lx，但是在黄昏或阴天情况下的室内，则满足不了这个指标强度，需要通过人工光照和测量加以控制。

（2）采用灯光照明

根据光学理论的推定：对于一定功率的光源，其照度与距离的平方成反比；对于一定距离的光源，其功率与照度成正比。因此，许多磁粉检测标准中都有规定，采用人工光源照射进行磁粉检测时，照射距离不能太大，测试黑光光源时也一般要求工件检测面离光源 380mm～400mm 左右。根据相关资料介绍，为了使工件检测面达到 500lx 以上的光照度，如采用 40W 的日光灯照明时，光源距离工件表面应约为 300mm～400mm；采用 60W 日光灯照明时，光源距离工件表面应约为 400mm～500mm；采用 100W 日光灯照明时，光源距离工件表面应约为 500mm～600mm。

光照度与光功率的换算公式为：1ftC（英尺烛光）=10.764lx（勒克斯）=8.26μW/cm^2。根据法国标准 RCC-M 渗透检测 MC4000 规定的非荧光磁粉检测最低白光照度 350lx，是基于使用 2 节 1 号干电池和一个 2.5W 的钨丝灯泡发出的光照在 300mm 处能达到的指标。

（3）正确选用光源与满足光照度要求

在磁粉检测时，为了达到有效检出缺陷，保证磁粉检测结果评价的准确性和可靠性，正确认识光照度的重要性，正确选用合适的光源与照度要求，是保证磁粉检测工作质量的重要环节。在无损检测方法中，人是保证检测质量的基本因素，光源是检测必备的基本条件，只有两者的共同完善才是检测能顺利进行的基本保证。

3.4　磁粉检测方法

3.4.1　磁粉检测方法的分类

（1）按工件磁化方向分类

可分为周向磁化法、纵向磁化法、复合磁化法和旋转磁化法。

（2）按采用磁化的电流分类

可分为直流磁化法、半波直流磁化法和交流磁化法。

（3）按磁粉检测的工艺分类

1）湿法和干法

①湿法：磁粉悬浮在油、水或其他液体介质中使用的方法称为湿法。此法具有较高的检测灵敏度。特别适用于检测表面微小缺陷，例如疲劳裂纹、磨削裂纹等。

②干法：干法又称干粉法，在一些特殊场合下，不能采用湿法进行检测时，采用特制的干磁粉按程序直接施加在磁化的工件上，工件的缺陷处即显示出磁痕。干法检测多用于大型铸、锻件毛坯及大型结构件、焊接件的局部区域检查。

2）连续法和剩磁法

①连续法

连续法又称外加法，是在保持外加磁场作用条件下，将磁粉或磁悬液施加到工件上进行磁粉检测。对工件的观察和检查可在外磁场作用下同时进行，也可在中断磁场后进行。

连续法的优点是：适用于任何铁磁性材料；具有很高的检测灵敏度；能用于复合磁化。局限性是：检测效率低，容易出现干扰缺陷评定的杂乱显示。

②剩磁法

剩磁法是先将工件进行磁化，在中断外加磁场后在工件上浇浸磁悬液，待磁粉凝聚后再进行观察。

剩磁法的优点是：检验效率远远高于连续法；干扰真正缺陷磁痕的杂乱显示较少，有利于缺陷的识读与评定；便于磁痕的观察。局限性是：只限于矫顽力和剩磁均能满足要求的材料；采用交流电磁化时，如果断电相位不加以控制，则剩磁大小会有显著波动，导致漏检；剩磁法对复合磁化不适用，因为仅有单方向的剩磁；剩磁法一般不与干法配合使用。

连续法和剩磁法的操作程序（见图 3–17）：

工件的磁化：在磁粉检测中，通过外加磁场使工件磁化的过程称为工件的磁化。磁化规范：对工件进行磁化时，选择的磁化电流值或磁场强度值所遵循的规则称为磁化规范。

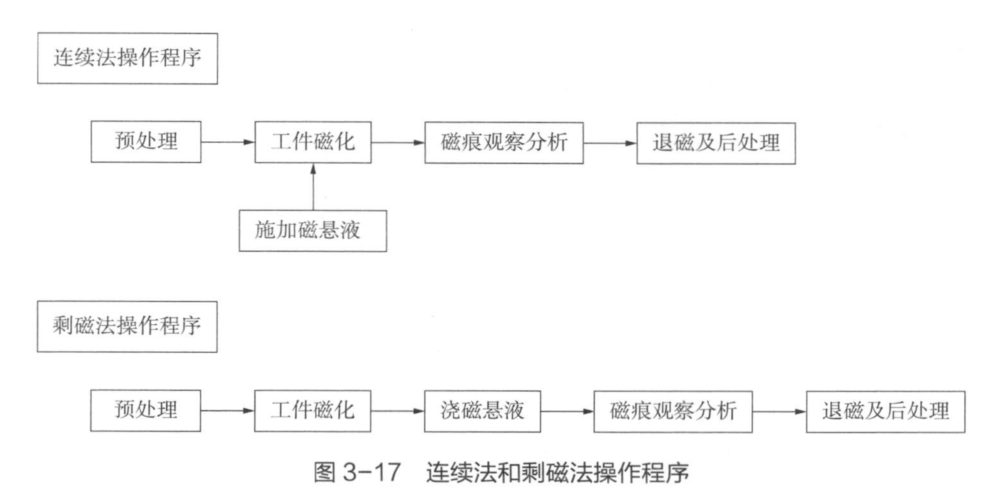

图 3-17　连续法和剩磁法操作程序

3.4.2　磁化方法

（1）周向磁化法

周向磁化法是指给工件直接通电，或者使用电流流过贯穿空心工件孔中的导体，在工件中建立一个环绕工件并与工件轴线垂直的周向闭合磁场，用于发现与工件轴向平行的纵向缺陷。

（2）纵向磁化方法

纵向磁化法主要包括线圈法、磁轭法和永久磁铁法等。

1）线圈法

线圈法是将工件放在通有电流的螺管线圈中或根据工件形状的不同缠绕电缆形成的线圈中进行磁化的方法（见图 3-18）。

当电流通过线圈时，线圈中产生的纵向磁场将使线圈中的工件感应磁化。能发现工件上沿圆周方向上的缺陷，即与线圈轴线垂直方向上的横向缺陷。

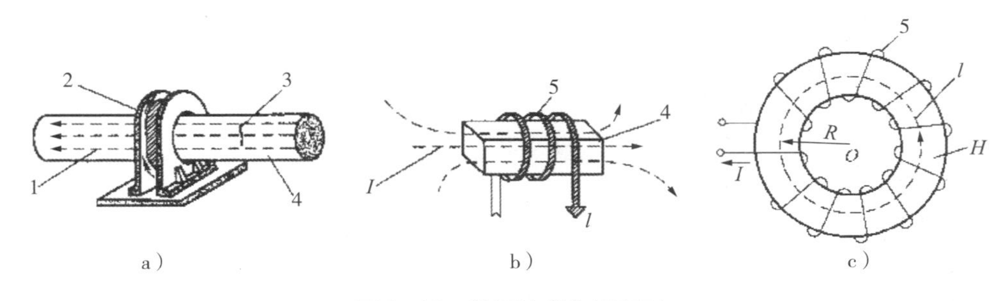

图 3-18　线圈法磁化示意图

2）磁轭法

又称极间法，是利用电磁轭或永久磁轭对工件进行磁化的一种方法。

①整体磁化：利用固定式电磁轭对工件进行整体磁化，将工件的两个端面夹在磁轭的两极之间，形成一个闭合磁路（见图 3-19）。

②局部磁化：利用永久磁轭或便携式电磁轭的两极与工件接触，使工件得到局部磁化（见图 3-20）。

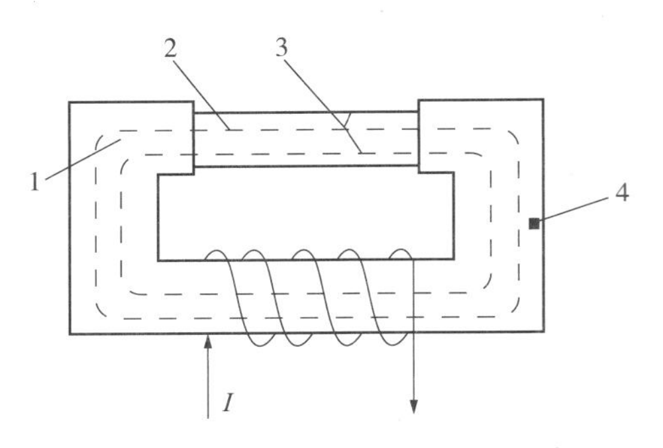

1—磁轭；2—磁力线；3—缺陷；4—铁心

图 3-19　电磁轭整体磁化

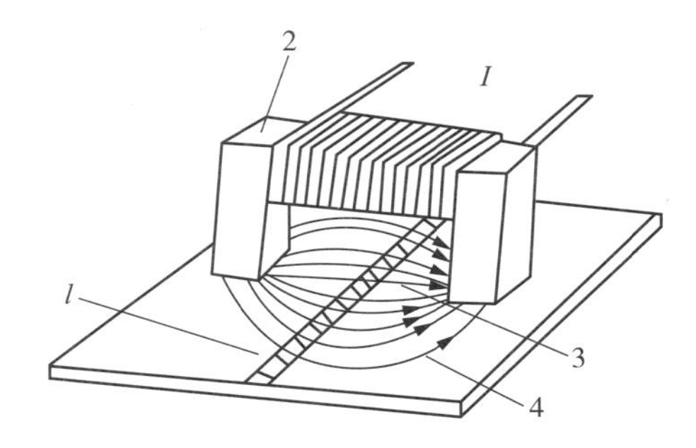

1—焊缝；2—磁轭；3—缺陷；4—磁力线

图 3-20　电磁轭局部磁化

局部磁化的缺点是：在检验大面积工件时，不能提供足够的磁场强度以得到清晰的磁痕显示，磁场大小也不能调节。

永久磁铁的磁场强度太大时，吸在工件上难以取下来，而且磁极上吸附的磁粉不容易清除掉，还可能把缺陷磁痕弄模糊，因此除特殊场合外一般很少使用。

（3）复合磁化法

复合磁化法是一种能在工件上同时获得多个方向磁场进行磁化的方法，它能使工件在一次磁化过程中实现多方向磁化。

1）螺旋形摆动磁场磁化法：利用一个固定方向的磁场与一个或多个成一定角度的变化磁场的叠加对工件进行磁化（见图 3-21）；

2）旋转磁场磁化法：采用相位不同的交流电磁轭对工件同时进行磁化，在工件中产生椭圆或圆形磁场（见图 3-22）。

（4）环形件绕电缆法

环形件绕电缆法主要用于检测工件内外壁上沿圆周方向上的缺陷。由于环形件绕电缆法形成的是一个闭合磁路，无退磁场产生，工件易于磁化（见图 3-23）。

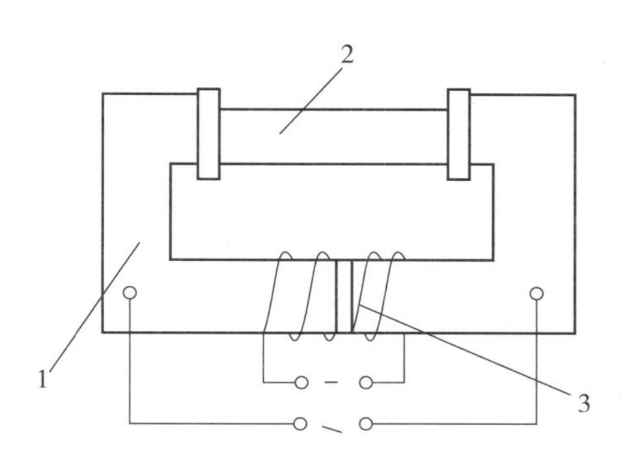

1—磁轭；2—工件；3—绝缘块

图 3-21　电磁轭 + 直接通电的螺旋形摆动磁场磁化

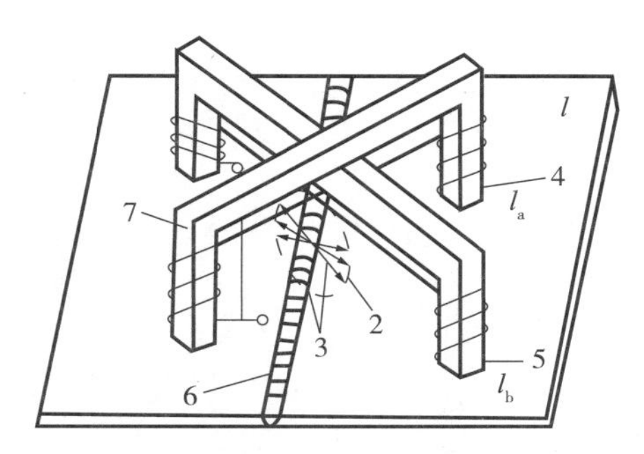

1—工件；2—旋转磁场；3—缺陷；4、5—相位不同的交流电；6—焊缝；7—交叉磁轭

图 3-22　产生旋转磁场的交叉电磁轭

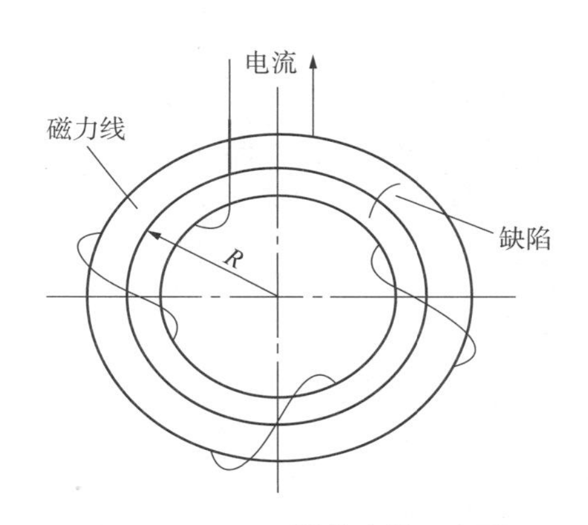

图 3-23　环形件绕电缆示意图

3.4.3　磁化规范的确定

（1）制定磁化规范应考虑的因素

1）首先确定磁化的方法，是采用连续法还是剩磁法进行检测；

2）根据磁化方法制定相应的磁化规范；

3）制定磁化规范时要根据工件的尺寸、形状、表面状态和欲检出缺陷的种类、位置、形状及大小，来制定相应的磁化规范。

（2）制定磁化规范的方法

1）对于形状规则的工件，磁化规范可用经验公式计算；

2）用毫特斯拉计测量工件表面的切向磁场强度；

3）测绘钢材磁特性曲线；

4）用标准灵敏度试片确定。

第4章

轴承零件磁粉检测工艺

4.1 磁粉检测的工艺过程

磁粉检测的工艺过程主要包括磁粉检测工件的预处理、工件的磁化、施加磁粉或磁悬液（称为“施加磁介质”）、磁痕的观察与记录、缺陷评定、退磁与后处理，见图 4-1。

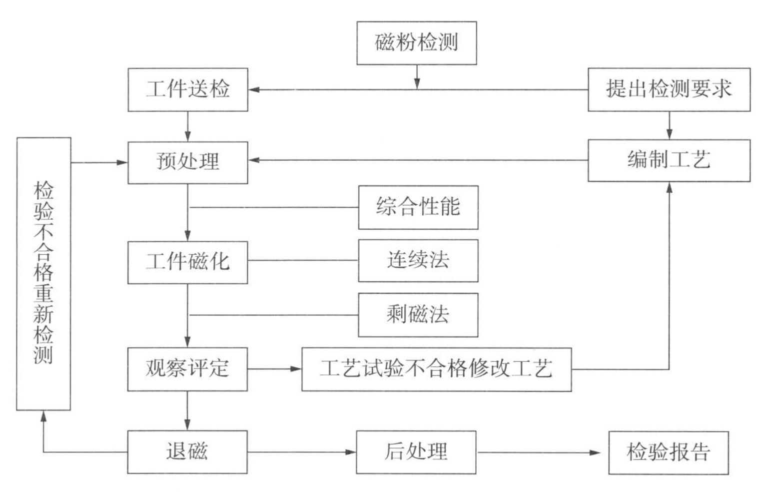

图 4-1 磁粉检测工艺流程

4.1.1 磁粉检测的基本工艺程序

（1）被检工件的表面制备

当被检工件表面粗糙或不清洁时，容易对喷洒的磁悬液中的磁粉产生机械挂附或粘附，造成伪显示，干扰检验的正常进行，因此对进行磁粉检测的工件要求预先进行制备和清洗，并且要求工件表面粗糙度一般应达到 $Ra \leq 1.6\mu m$。

（2）被检工件的磁化（充磁）

对于不同的工件有多种磁化方式，按磁场产生方式分类有以下 4 种：

1）磁轭法（磁铁法）：将电磁铁或永久磁铁（磁钢）放置在被检工件表面，利用其磁场对被检工件进行整体或局部磁化，被检工件表面的磁场方向与两磁极的连线方向相同，也属于纵向磁化。新型的永久磁铁已经采用了稀土类永磁材料 - 钕铁硼，它的磁力能达到普通永久磁铁的 7～10 倍，见图 4–2。

2）直接通电法：使电流直接通过被检工件（全部或局部）以形成磁场，所形成磁场的方向以右手定则确定，磁场方向与电流方向垂直，这种磁化方式称为周向磁化。直接通电法包括对工件整体通电（夹头法）和局部通电（支杆法或称作磁锥法），见图 4–3。

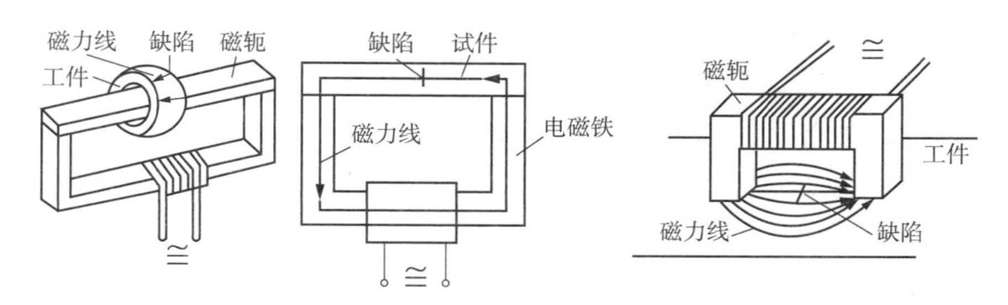

图 4–2　磁轭法磁化示意图

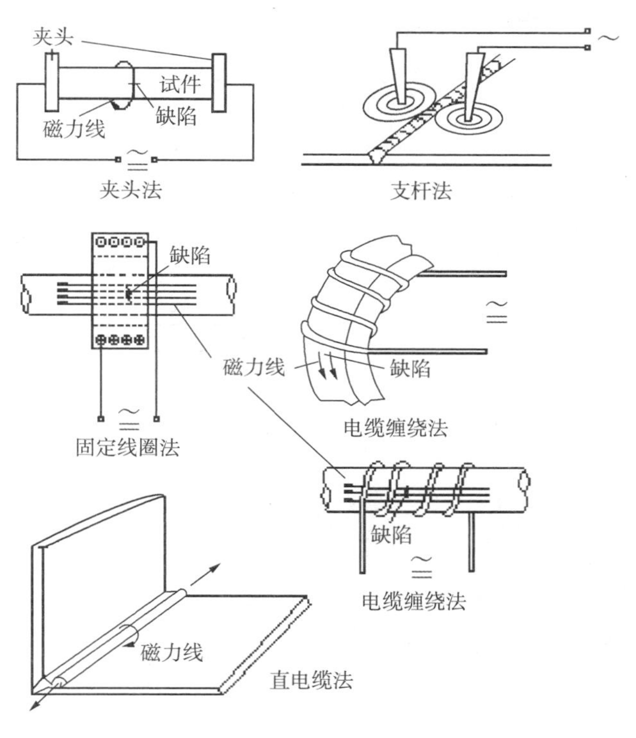

图 4–3　直接通电法磁化示意图

3）感应磁化法：利用磁感应原理，在被检工件上产生感应磁场，或者产生感应电流后再由感应电流产生磁场。感应磁化法包括穿棒法（亦称中心导体法，利用通电铜棒产生的磁场磁化套在铜棒上的环形工件）和变压器法（利用初级线圈产生的磁通经过作为次级线圈套在磁路上的环形工件产生感应电流，进而由感应电流产生磁场用于检测）。磁场方向仍然以右手定则确定。线圈法：将被检工件放入通电线圈中，由线圈产生的磁场（磁场方向按右手定则判定）来磁化被检工件，工件内的磁场方向与通电线圈的轴向相同，这种磁化方式称为纵向磁化。线圈法包括固定线圈法和缠绕电缆法。实际上线圈法也属于磁感应法。此外，还有直电缆法，即利用直电缆产生的磁场磁化紧邻的工件，见图 4–4。

4）复合磁化法：在磁粉检测中，只有缺陷的取向与磁力线方向垂直或者存在较大的夹角时，才能有利地形成漏磁场，能够有效地吸附磁粉形成磁痕而被发现。上面所述的单一的磁化方法只适合检查某个方向的缺陷，为了检查出可能存在的各种方向的缺陷，往往要采取多次不同的磁化方式，使得检查程序繁琐，检测效率不高。新发展起来的复合磁化法则可以在检查过程中同时检查不同取向的缺陷，保障检测的可靠性并大大提高检测效率。

复合磁化法是利用直接对被检工件通电和线圈磁化同时进行来实现对被检工件的综合磁化，或者利用交叉磁轭同时通入有一定相位角差异（例如常用 120°　）的交流电，产生的是旋转磁场（在被检工件上得到近似圆形的平面磁场），或者采用直流磁轭 + 交流直接通电磁化，或者交流电穿棒法 + 感应磁化法（适用环形件）形成复合磁场，见图 4–5。

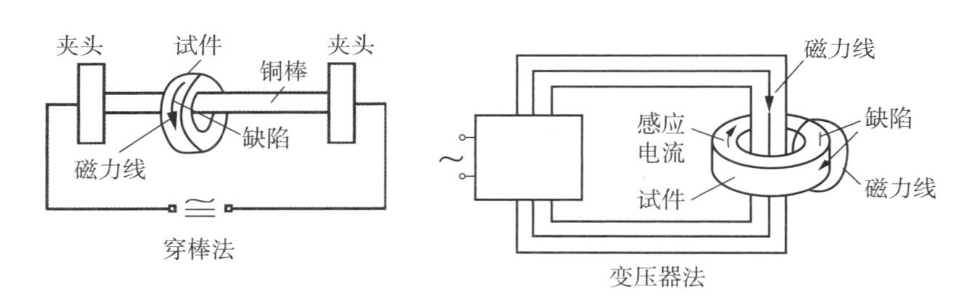

图 4–4　感应磁化法示意图

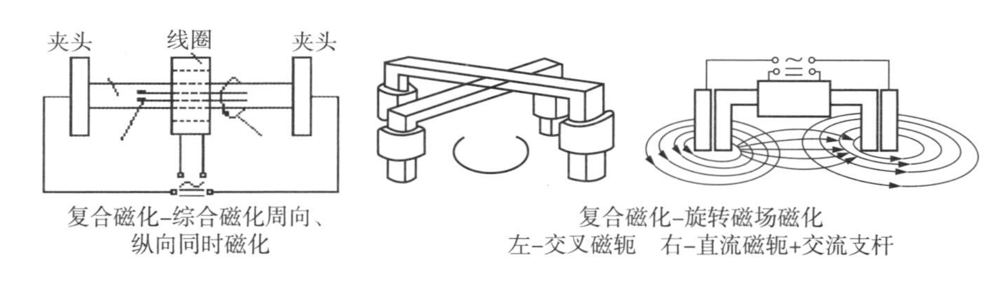

图 4–5　复合磁化法示意图

用于磁化的电流类型可以分类为：

①直流：采用直流或交流电经全波整流的脉动直流（单相全波整流、三相全波整

流）作为磁化电源，其优点是能够获得较大的检验深度（通常为 3mm～4mm，也有资料介绍甚至可以达到 6mm～8mm 的检查深度），但是直流磁化给检验后的工件退磁带来一定困难（例如需要使用专门的低频直流退磁装置），而且磁化设备较复杂和价格比较昂贵。

②交流：一般以工频（50/60Hz）交变电流作为磁化电流，由于电流的波动特性带来的振动作用，能促使磁粉在被检工件表面跳动集聚，因此磁痕形成速度较直流磁化的情况要快，并且检验后的工件退磁容易，但是交流磁化的缺点是因为存在趋肤效应而导致检验深度较小（一般的有效检验深度在 1mm～2mm 范围）。特别是用交流电作剩磁法检验时，还必须注意控制断电相位，防止在电流正负换向经过零位时断电，这将会导致被检工件未能充上磁而造成漏检。最新应用的交流电磁轭采用频率低至 8Hz 的交流电，可达到最大约 8mm 的检验深度。

③半波整流：最常用的是将单相工频（50/60Hz）交流电经过半波整流后作为磁化电流。半波整流磁化综合了直流磁化与交流磁化的优点，检验深度一般可达到约 2mm～4mm，同样能促使磁粉在被检工件表面跳动集聚，因此磁痕形成速度较快，而且检验后的工件退磁也比较容易，又避免了直流电和交流电各自的缺点，但是由于同样存在电流从零到峰值的波动变化，因此仍必须注意控制断电相位，此外对磁化设备要求较高，价格也比较昂贵。

磁粉检测的灵敏度除了与被检工件的自身条件（铁磁特性、几何形状、表面粗糙度等）有关外，最重要的就是磁化规范的参数选择，即直接通电法时的磁化电流（电流种类、电流大小），或者线圈法时的磁势（以磁化安匝数表示，即磁化电流与线圈匝数的乘积），或者磁轭的提升力等，这些参数将直接影响被检工件上磁感应强度的大小，亦即直接影响漏磁场的大小。因此，为了正确确定工件的磁化规范，往往需要采用特斯拉计（高斯计）或磁场指示器，或者简易试片（灵敏度试片），或者灵敏度试块等来检查、验证工件上的磁感应强度是否符合检测灵敏度要求。

轴承零件采用最多的磁化方法是交流电直接通电法、线圈法、交流电穿棒法和交流电穿棒法 + 感应磁化法的复合磁化，对于大型轴承套圈则在必要时还要采用交流电磁轭法。

根据磁粉检测的方法不同（即施加磁介质和观察评定的时机不同），可以分类为：

a. 连续法（亦称外加法）：在对被检工件充磁（磁化电流不断开）的同时施加磁介质并进行观察评定。这种方法的优点是能以较低的磁化电流达到较高的检测灵敏度，特别是适用于矫顽力低、剩磁小的材料（例如低碳钢），缺点是操作不便、检测效率低。

b. 剩磁法：利用被检工件充磁后的剩磁进行检验，即可以对工件充磁后，断开磁化电流，然后再施加磁介质和进行观察评定。这种方法的优点是操作简便、检验效率高，缺点是需要较大的充磁电流（约为连续法所用磁化电流的 3 倍），要求被检工件材料具有较高的矫顽力和剩磁（以保证充磁后的剩磁能满足检验灵敏度的需要），并且在使用交流电或半波整流作为磁化电流时，必须注意控制断电相位。

（3）施加磁介质

工件被磁化后需要施加磁介质（磁粉）作为显示介质，以检测漏磁场是否存在，根据被施加的磁性介质的状态，可以把磁粉检测方法分类为：

1）干法（亦称干粉法）

直接将干燥的磁粉喷撒在被磁化工件的表面，这种方法多用于工程现场或大型工件（例如铁路机车的连杆、车轴等）的磁粉检测，但其检验灵敏度相对于湿法是较低的。

2）湿法

以水为载体，加入适量的磁粉和适当的添加剂（消泡剂、防腐蚀剂、润湿剂等），搅拌均匀后即成为水基磁悬液。或者用变压器油＋煤油或者无味煤油等作为载体，加入适量的磁粉并搅拌均匀，即成为油基磁悬液。在磁粉检测时，可以利用喷洒工具（喷嘴、喷壶等）把磁悬液喷洒或浇洒在被磁化的工件上，或者将被磁化的工件浸没在磁悬液中再取出观察（多用于剩磁法），磁悬液中的磁粉随载体在工件上流动，遇到存在漏磁场处将被吸附形成磁痕而被观察到。在湿法检验中，水基磁悬液成本较低但是容易导致工件发生锈蚀，因此使用水基磁悬液进行磁粉检测后的工件往往需要增加干燥和防锈处理。

此外，还可以采用静电喷涂法施加干的或湿的磁介质（磁粉）。

轴承零件的磁粉检测主要采取湿法连续法检测。

磁粉的种类包括：

a. 黑磁粉：成分为四氧化三铁（Fe_3O_4），呈黑色粉末状，适用于背景为浅色或光亮的工件。

b. 红磁粉：成分为三氧化二铁（Fe_2O_3），呈铁红色粉末状，适用于背景较暗的工件。

c. 荧光磁粉：在四氧化三铁或纯铁粉末颗粒外裹有荧光物质，在紫外线辐照下能发出黄绿色荧光，适用于背景较深暗（例如经过发蓝处理）的工件，特别是由于人眼色敏特性的原因，使得使用荧光磁粉的磁粉检测较之非荧光磁粉的磁粉检测具有更高的检测灵敏度。

d. 白磁粉：在四氧化三铁或纯铁粉末颗粒外裹有白色物质，适用于背景较深暗的工件。

目前商品化的磁粉种类很多，除了有黑、红、白磁粉，荧光磁粉外，还有球形中空磁粉（空心、彩色，专用于常温以及高温状态的干粉法磁粉检测）。

为了便于现场检验的使用，还有事先配置好的磁膏（常见为黑、红磁粉，用于兑制水基型磁悬液）、浓缩磁悬液（多为水基型黑、红磁悬液），还有磁悬液喷罐（包括水基型黑、红磁悬液、油基型黑、红磁悬液以及油基型荧光磁悬液）等，以及为了提高背景深暗或表面粗糙工件的可检验性而提供的表面增白剂（反差增强剂，多为喷罐型以方便现场使用）等。

（4）观察评定

磁粉检测时，不同类型的表面、近表面缺陷会显示出不同形态的磁痕。结合对被检工件的材料特性、加工工艺、使用情况等方面的了解，是比较容易根据磁痕的显示判断出缺陷的性质的，但是对于缺陷深度的评定则还是比较困难的。

（5）退磁

如果在经过磁粉检测后还要进行温度超过居里点的热处理或者热加工，这样的工件可以不必进行退磁处理。一般的工件在经过磁粉检测后均应进行退磁处理，以防止残留磁性在工件的后续加工或使用中产生不利的影响。

退磁的方法主要是采用交流线圈通电远离法，或者使用专用的退磁机采用不断变换线圈中直流电正负方向并逐步减弱电流大小至零的退磁方法等，退磁程度的检验则通常使用如磁强计等袖珍型测磁仪器来检查。

磁粉检测的观察评定必须由检测人员的眼睛观察，尚难以实现真正的自动化检测，检测结果目前主要是通过照相方式保存。

4.2　轴承零件磁粉检测工艺卡

重要用途的轴承零件质量要求很高，需要进行百分之百的磁粉检测，一般用途的轴承零件，可在热处理和最终磨削完成后作一定比例的抽检，如发现有裂纹等缺陷，则该批轴承零件需要进行全检（百分之百的磁粉检测）。轴承外圈、内圈、滚动体、密封圈一般采用磁粉检测，而其他零件如保持架常规情况下不采用磁粉检测。

轴承外圈热处理至成品之间通常需要进行超声检测和磁粉检测，它们的工序位置为：热处理→初磨平面→初磨外径→初磨滚道→初磨牙口→打光外径字槽倒角→超声检测→终磨外径→终磨滚道→终磨牙口→超精磨滚道及抛光外径→磁粉检测→退磁清洗→总检验→磷化→退磁清洗→装配

轴承内圈热处理至成品之间通常只需要进行磁粉检测，其工序位置为：热处理→初磨平面→初磨滚道→初磨挡边→初磨内径→终磨两端面→内圈终磨大挡边、外径前加淬回火，终磨大挡边外径→终磨滚道→终磨大挡边→终磨内径→超精磨挡边滚道→打光内倒角→磁粉检测→退磁清洗→总检验→磷化→退磁清洗→装配

轴承滚子热处理至成品之间通常只需要进行磁粉检测，其工序位置为：热处理→窜氧化皮→粗磨外径→窜软点→软点检查→热清洗防锈→磨端面→热清洗防锈→细磨外径→终磨外径→超精外径→磁粉检测→热清洗、干燥擦净→终检选别→涂油包装

轴承零件磁粉检测需要事先编写确定磁粉检测工艺卡，以保证磁粉检测人员按照统

一的工艺方法进行磁粉检测，保证磁粉检测质量的一致性。

下面以某型号的铁路轴承外圈、内圈、滚子磁粉检测工艺卡举例说明，见表 4–1 ～表 4–3。

表 4–1　某型号铁路轴承零件外圈磁粉检测工艺卡

<table>
<tr><td colspan="2" rowspan="2">× × × × 公司</td><td colspan="2" rowspan="2">磁粉探伤作业指导书</td><td>编号</td><td colspan="2">× × ×-× × × ×/01</td></tr>
<tr><td>版本号</td><td colspan="2">第 1 版第 0 次修改</td></tr>
<tr><td>产品</td><td>× × × ×</td><td>零件号</td><td>01</td><td>材料</td><td colspan="2">× × × ×</td></tr>
<tr><td>工序号及工序名称</td><td>磁粉探伤</td><td>探伤机型号</td><td>× × × ×</td><td>检测方法标准</td><td colspan="2">引用企业标准 × × × ×</td></tr>
<tr><td>工序</td><td>作业内容</td><td colspan="4">技术要求</td><td>装备及器材</td></tr>
<tr><td rowspan="6">一、探伤准备</td><td>1. 检查磁粉检测设备状态，对设备进行点检</td><td colspan="4">戴上紫外线防护眼镜，确认电流、电压表检定应不过期，设备各部分动作性能良好，无故障</td><td>紫外线防护眼镜</td></tr>
<tr><td>2. 检查各种器具状态</td><td colspan="4">确认梨形沉淀管、磁强计、白光照度计、紫外辐照计等辅助器材状态良好且在鉴定有效期内，各种检测器具性能良好，计量标识在有效期内</td><td></td></tr>
<tr><td>3. 检查磁粉</td><td colspan="4">1）磁粉应放置在带盖容器内保存，附带厂家合格证，受潮结块或超过一年有效期的禁止使用。
2）磁粉为黑磁粉，颗粒尺寸 >0.045mm（目数值 <320 目）</td><td></td></tr>
<tr><td>4. 检查环境温度</td><td colspan="4">按照标准温度</td><td>温度计</td></tr>
<tr><td>5. 磁悬液配置和配比体积浓度</td><td colspan="4">1）探伤用磁悬液以磁粉检测专用溶剂油为载液。
2）磁悬液的配置：配置时，应按溶剂油生产厂家提供的配置比例（g/L）配置。
3）磁悬液配比浓度：非荧光磁粉磁悬液体积浓度为 1.5mL/100mL ～ 2.8mL/100mL。
4）调配后应进行日常性能校验</td><td>梨形沉淀管、黑磁粉、专用溶剂油</td></tr>
<tr><td>6. 磁悬液更换</td><td colspan="4">磁悬液有污浊物时，随时更换磁悬液，根据生产量大小随时更换磁悬液，更换时应做好记录</td><td></td></tr>
<tr><td rowspan="2">二、日常性能校验</td><td>1. 日常性能校验人员</td><td colspan="4">每班上半班和下半班开工前，由探伤工、探伤工长、质检员、维修工和验收员共同参加对设备进行日常性能校验</td><td></td></tr>
<tr><td>2. 测定磁悬液体积浓度</td><td colspan="4">班组指定人员提前 30min 到岗开动设备，取样前磁悬液应充分搅拌均匀后，用锥形长颈沉淀管接取从喷嘴喷出的磁悬液 100mL 做静止沉淀试验，磁悬液静置沉淀 40min ～ 45min，再观察锥形长颈沉淀管底部的磁粉容积值，磁悬液浓度 1.5mL/100mL ～ 2.8mL/100mL</td><td>锥形长颈沉淀管</td></tr>
</table>

表 4-1（续）

工序	作业内容	技术要求	装备及器材
二、日常性能校验	3. 检测探测面白光照度	白光照度不低于 1000lx	白光照度计
	4. 粘贴灵敏度试片	1）轴承外圈探伤应使用 A1-15/50 型标准灵敏度试片。 2）试片应用胶带粘贴在轴承外圈外径面中心易发生裂纹的可确保密贴的部位。 3）实物试件被粘贴试片的部位，应擦拭干净，无锈蚀、油污及灰尘，露出金属面并保持干燥。 4）粘贴试片时，试片带沟槽面应与实物试件表面密贴，带有“+”字沟槽的试片，应有一条刻线与工件轴线平行，胶带沿试片四周呈井字型试片粘贴牢固。试片粘贴后应平整、牢固，胶带不应遮盖试片的沟槽部位。若发现试片存在折皱或锈蚀损坏应及时报废换新，试片最长更换周期不超过 3 个月	A1-15/50 型标准灵敏度试片、胶带
	5. 设定周向磁化电流、纵向磁化磁动势	周向磁化电流（3000～3300）A，纵向磁化磁动势（2900～3100）安匝	磁粉探伤机
	6. 观察试片磁痕	试件通电磁化并同时浇洒磁悬液，试片（A1-15/50）上的“圆周十字”磁痕应完整清晰显示	实物试件和灵敏度试片
	7. 校验合格后锁定周向磁化电流、纵向磁化磁动势，准备零件探伤	周向磁化电流（3000～3300）A，纵向磁化磁动势（2900～3100）安匝	磁粉探伤机
	8. 填写日常性能校验记录	日常灵敏度校验合格后，由探伤人员负责填写《铁路客车滚动轴承零件磁粉检测机性能校验记录》表（车统 -53K32），参加校验的人员应在校验记录上签章	
三、零件探伤	1. 来料确认	1）确认上道工序来料数量、状态，产品物卡相符。 2）确认产品表面无油污、锈蚀、毛刺、纤维等影响磁痕判定的物质	
	2. 浇注磁悬液并磁化	零件在磁化前，先对探伤部位喷淋磁悬液，磁悬液应缓流、均匀、全面覆盖探伤部位，然后磁化，磁化时间 2s～3s，磁化的同时喷洒磁悬液，磁化结束前停止喷洒磁悬液	磁粉探伤机
	3. 观察磁痕	1）轴承外圈磁化结束后，应及时观察磁痕显示。如有疑问，应退磁并擦去磁痕，重新磁化，再次观察确认。 2）轴承外圈全表面不允许存在任何缺陷磁痕	磁粉探伤机
	4. 加盖酸章	每件合格产品非打字面上加盖探伤工相应代号的酸章，并立即用碱水中和	酸液、印章、碱水

表 4–1（续）

工序	作业内容	技术要求	装备及器材
三、零件探伤	5. 退磁清洗	1）试件完成磁粉检测后应逐件退磁，然后清洗，清洗后各表面和沟角处不得有油污、磁粉等污物。 2）本工序完工的产品应逐层平摆放进行防护；层与层之间用棉布隔离；同一层的工件之间保留有不能接触的间隙。隔离层的棉布周转使用，每月至少清洗一次。 3）检验产品应轻拿轻放；入筐摆放整齐	磁强计
	6. 测量残磁	需退磁的试件应置于退磁设备线圈中间偏靠线圈内壁，缓慢匀速移动试件至距离退磁设备线圈 1m 以外后对试件逐件使用磁强计在棱角处沿东西方向测量残磁，残磁值不应大于 0.3mT，若残磁超标则应重新退磁至合格。每间隔 50 件做一件残磁值记录	磁强计
	7. 填写产品移动标识卡 / 产品工序流水卡	字迹清晰、干净整齐、不错不漏	签字笔
	8. 磁粉检测人员连续探伤检查 2h 应休息	磁粉检测人员连续探伤检查 2h 应休息 10min 以缓解视力疲劳	
四、不合格品处置	隔离存放	1）探伤过程中发现母炉号同批产品有同形貌缺陷时，报技术部进行确认后必要时由探伤班长负责挑取 1 件送失效分析室分析。 2）产品有同形貌缺陷比例超过 3% 时填写不合格报告单报技术部。 3）凡是发现裂纹的产品，在裂纹区域用红色记号笔做出红色标识“×”并及时隔离报废	记号笔
五、填写记录	填写《铁路轴承零件磁粉检测记录表》及其他相关记录	签章清晰、字迹清晰、干净整齐、不错不漏	签字笔、印章
六、完工后要求	1. 检测灵敏度复核	每班完工后，在同样的磁化条件下，由探伤工、探伤工长和质检员进行系统探伤灵敏度复核（轴承外圈实物试块和灵敏度试片）。若试片不能清晰显示，该班次所有检测的轴承外圈重新检验	
	2. 每天收工前对工作区域进行彻底清理	将工装、器具等收存摆放好	
	3. 填写交接班本	字迹清晰、干净整齐、不错不漏	签字笔
七、设备异常处置	1. 显示屏有故障，不能有效设定电流	立即停止探伤，与设备维修工联系进行处理。设备恢复正常后，进行日常性能校验合格方能实施探伤	
	2. 中心导体棒通电时接触不良或伸出时有震动		
	3. 开关按钮不良，不能有效进行磁化操作		

编制		校对		审核		标审		批准	

表 4-2　某型号铁路轴承零件内圈磁粉检测工艺卡

<table>
<tr><td colspan="2" rowspan="2">××××公司</td><td colspan="2" rowspan="2">磁粉探伤作业指导书</td><td>编号</td><td colspan="2">×××-××××/02</td></tr>
<tr><td>版本号</td><td colspan="2">第 1 版第 0 次修改</td></tr>
<tr><td>产品型号</td><td>××××</td><td>零件号</td><td>02</td><td>材料</td><td colspan="2">××××</td></tr>
<tr><td>工序号及工序名称</td><td>磁粉探伤</td><td>探伤机型号</td><td>××××</td><td>检测方法标准</td><td colspan="2">引用企业标准 ××××</td></tr>
<tr><td>工序</td><td>作业内容</td><td colspan="4">技术要求</td><td>装备及器材</td></tr>
<tr><td rowspan="6">一、探伤准备</td><td>1. 检查磁粉检测设备状态，对设备进行点检</td><td colspan="4">戴上紫外线防护眼镜，确认电流、电压表检定应不过期，设备各部分动作性能良好，无故障</td><td>紫外线防护眼镜</td></tr>
<tr><td>2. 检查各种器具状态</td><td colspan="4">确认梨形沉淀管、磁强计、白光照度计、紫外辐照计等辅助器材状态良好且在鉴定有效期内，各种检测器具性能良好，计量标识在有效期内</td><td></td></tr>
<tr><td>3. 检查磁粉</td><td colspan="4">1）磁粉应放置在带盖容器内保存，附带厂家合格证，受潮结块或超过一年有效期的禁止使用。
2）磁粉为黑磁粉，颗粒尺寸 >0.045mm（目数值 <320 目）</td><td></td></tr>
<tr><td>4. 检查环境温度</td><td colspan="4">10℃～30℃</td><td>温度计</td></tr>
<tr><td>5. 磁悬液配置和配比浓度</td><td colspan="4">1）探伤用磁悬液以磁粉检测专用溶剂油为载液。
2）磁悬液的配置：配置时，应按溶剂油生产厂家提供的配置比例（g/L）配置。
3）磁悬液配比浓度：非荧光磁粉磁悬液体积浓度为 1.5mL/100mL～2.8mL/100mL。
4）调配后应进行日常性能校验</td><td>梨形沉淀管、黑磁粉、专用溶剂油</td></tr>
<tr><td>6. 磁悬液更换</td><td colspan="4">磁悬液有污浊物时，随时更换磁悬液，根据生产量大小随时更换磁悬液，更换时应做好记录</td><td></td></tr>
<tr><td rowspan="3">二、日常性能校验</td><td>1. 日常性能校验人员</td><td colspan="4">每班上半班和下半班开工前，由探伤工、探伤工长、质检员、维修工和验收员共同参加对设备进行日常性能校验</td><td></td></tr>
<tr><td>2. 测定磁悬液浓度</td><td colspan="4">班组指定人员提前 30min 到岗开动设备，取样前磁悬液应充分搅拌均匀后，用锥形长颈沉淀管接取从喷嘴喷出的磁悬液 100mL 做静止沉淀试验，磁悬液静置沉淀 40min～45min，再观察锥形长颈沉淀管底部的磁粉容积值，磁悬液浓度 1.5mL/100mL～2.8mL/100mL</td><td>锥形长颈沉淀管</td></tr>
<tr><td>3. 检测探测面白光照度</td><td colspan="4">白光照度不低于 1000lx</td><td>白光照度计</td></tr>
</table>

表 4–2（续）

工序	作业内容	技术要求	装备及器材
二、日常性能校验	4. 粘贴灵敏度试片	1）轴承内圈探伤应使用 A1-15/50 型标准灵敏度试片。 2）试片应用胶带粘贴在轴承外圈外径面中心易发生裂纹的可确保密贴的部位。 3）实物试件被粘贴试片的部位，应擦拭干净，无锈蚀、油污及灰尘，露出金属面并保持干燥。 4）粘贴试片时，试片带沟槽面应与实物试件表面密贴，带有“+”字沟槽的试片，应有一条刻线与工件轴线平行，胶带沿试片四周呈井字型试片粘贴牢固。试片粘贴后应平整、牢固，胶带不应遮盖试片的沟槽部位。若发现试片存在折皱或锈蚀损坏应及时报废换新，试片最长更换周期不超过 3 个月	A1-15/50 型标准灵敏度试片、胶带
	5. 设定周向磁化电流、纵向磁化磁动势	周向磁化电流（3000～3300）A，纵向磁化磁动势（2900～3100）安匝	磁粉探伤机
	6. 观察试片磁痕	试件通电磁化并同时浇洒磁悬液，试片（A1-15/50）上的“圆周十字”磁痕应完整清晰显示	实物试件和灵敏度试片
	7. 校验合格后锁定周向磁化电流、纵向磁化磁动势，准备零件探伤	周向磁化电流（3000～3300）A，纵向磁化磁动势（2900～3100）安匝	磁粉探伤机
	8. 填写日常性能校验记录	日常灵敏度校验合格后，由探伤人员负责填写《铁路客车滚动轴承零件磁粉检测机性能校验记录》表（车统—53K32），参加校验的人员应在校验记录上签章	
三、零件探伤	1. 来料确认	1）确认上道工序来料数量、状态，产品物卡相符。 2）确认产品表面无油污、锈蚀、毛刺、纤维等影响磁痕判定的物质	
	2. 浇注磁悬液并磁化	零件在磁化前，先对探伤部位喷淋磁悬液，磁悬液应缓流、均匀、全面覆盖探伤部位，然后磁化，磁化时间 2s～3s，磁化的同时喷洒磁悬液，磁化结束前停止喷洒磁悬液	磁粉探伤机
	3. 观察磁痕	1）轴承内圈磁化结束后，应及时观察磁痕显示。如有疑问，应退磁并擦去磁痕，重新磁化，再次观察确认。 2）轴承内圈全表面不允许存在任何缺陷磁痕	磁粉探伤机
	4. 加盖酸章	每件合格产品非打字面上加盖探伤工相应代号的酸章，并立即用碱水中和	酸液、印章、碱水

表 4-2（续）

工序	作业内容	技术要求	装备及器材
三、零件探伤	5. 退磁清洗	1）试件完成磁粉检测后应逐件退磁，然后清洗，清洗后各表面和沟角处不得有油污、磁粉等污物。 2）本工序完工的产品应逐层平摆放进行防护；层与层之间用棉布隔离；同一层的工件之间保留有不能接触的间隙。隔离层的棉布周转使用，每月至少清洗一次。 3）检验产品应轻拿轻放；入筐摆放整齐	磁强计
	6. 测量残磁	需退磁的试件应置于退磁设备线圈中间偏靠线圈内壁，缓慢匀速移动试件至距离退磁设备线圈 1m 以外后对试件逐件使用磁强计在棱角处沿东西方向测量残磁，残磁值不应大于 0.3mT，若残磁超标则应重新退磁至合格。每间隔 50 件做一件残磁值记录	磁强计
	7. 填写产品移动标识卡 / 产品工序流水卡	字迹清晰、干净整齐、不错不漏	签字笔
	8. 磁粉检测人员连续探伤检查 2h 应休息	磁粉检测人员连续探伤检查 2h 应休息 10min 以缓解视力疲劳	
四、不合格品处置	隔离存放	1）探伤过程中发现母炉号同批产品有同形貌缺陷时，报技术部进行确认后必要时由探伤班长负责挑取 1 件送失效分析室分析。 2）产品有同形貌缺陷比例超过 3% 时填写不合格报告单报技术部。 3）凡是发现裂纹的产品，在裂纹区域用红色记号笔做出红色标识“×”并及时隔离报废	记号笔
五、填写记录	填写《铁路轴承零件磁粉检测记录表》及其他相关记录	签章清晰、字迹清晰、干净整齐、不错不漏	签字笔、印章
六、完工后要求	1. 检测灵敏度复核	每班完工后，在同样的磁化条件下，由探伤工、探伤工长和质检员进行系统探伤灵敏度复核（轴承外圈实物试块和灵敏度试片）。若试片不能清晰显示，该班次所有检测的轴承外圈重新检验	
	2. 每天收工前对工作区域进行彻底清理	将工装、器具等收存摆放好	
	3. 填写交接班本	字迹清晰、干净整齐、不错不漏	签字笔
七、设备异常处置	1. 显示屏有故障，不能有效设定电流	立即停止探伤，与设备维修工联系进行处理。设备恢复正常后，进行日常性能校验合格方能实施探伤	
	2. 中心导体棒通电时接触不良或伸出时有震动		
	3. 开关按钮不良，不能有效进行磁化操作		

编制		校对		审核		标审		批准	

表 4-3　某型号铁路轴承零件滚子磁粉检测工艺卡表

<table>
<tr><td colspan="2">×××× 轴承有限公司</td><td colspan="3" rowspan="2">作业指导书</td><td colspan="3">产品型号 / 零件号：××××-2RZ/04</td></tr>
<tr><td colspan="2">××××</td><td colspan="3"></td></tr>
<tr><td>标准方法</td><td>引用企业标准
×××</td><td>工序号</td><td>××××</td><td>工序名称</td><td>磁粉探伤</td><td>设备型号</td><td>××××</td></tr>
<tr><td>材料</td><td colspan="2">××××</td><td colspan="5">操作及调整要求</td></tr>
<tr><td colspan="2">47.460
24.74</td><td colspan="6" rowspan="16">★ 1. 每班上、下半班开工前应对探伤设备进行日常性能校验，由探伤工、探伤工长、质检员、监造员共同参加，日常性能校验要求如下：
A、检查探伤设备各部分的技术状态，电流、电压表检定不过期，白光照度符合标准要求，设备各部分动作性能良好，无故障。光照度计等鉴定不过期。
B、检查磁悬液浓度，取样前将磁悬液充分搅拌均匀后，用锥形长颈沉淀管接取从喷嘴喷出的磁悬液 100mL，静置沉淀 40min～45min，然后观测磁粉容积值，体积浓度不符合规定时应重新调配，调配后按上述方法再进行浓度测定。
C、进行复合磁化时，应观察周向磁化电流和纵向磁势是否符合磁化规范要求。
D、每日对探伤设备的 8 个工位依次进行实物试块校验，实物试块磁化后及时观察磁痕显示，要求纵向和横向第二人工孔及圆形缺陷应清晰完整显示。
E、日常系统灵敏度校验合格后，由探伤人员填写《磁粉探伤机日常性能校验记录》，参加校验人员共同签章。
2. 探伤作业要求：
A、探伤前，零件表面应擦拭干净，不应有油污、锈蚀、毛刺和纤维等杂物，应露出基本金属面。
B、零件探伤作业时，应严格按照探伤机设备操作规程的要求操作探伤设备。
C、零件磁化前，应让磁悬液充分湿润工件，喷洒的磁悬液应缓流、均匀，全面覆盖工件。
D、喷淋磁悬液的同时磁化零件，通电时间为 1s～3s，停止喷淋磁悬液后，还应再通电磁化 1 次～2 次，每次 0.5s～1.0s。周向磁化电流和纵向磁化磁动势应符合磁化规范的要求。
E、零件与电极间应接触密贴，不应产生打火现象。产生打火现象的必须停止作业，进行调整或维修，消除打火现象后，方可继续作业。
F、经探伤检查后，滚子的任何部位存在裂纹时须报废。
G、探伤时注意观察工件所有表面，检查有无点状或线状缺陷磁痕。对有缺陷的零件均视为不合格。不合格的应在缺陷部位做好标识，交质检员处置。不合格产品有争议时，由质检员交技术科送技术中心进行裂纹件的失效分析，视分析结果，必要时填写评审单报技术中心进行评审，根据评审意见对本批产品进行相应处置。
H、探伤工连续检验时，工间要适当休息，避免视觉疲劳。
I、探伤作业过程中，设备等出现异常，应查清楚原因，并调整或维修正常后，重新进行日常性能校验并做好记录。
J、填写当班探伤记录，并做到字迹清晰，干净整齐，不错不漏。
3. 异常情况处置办法
突然断磁悬液、断电。
处置办法：恢复正常后，对该件产品重新探伤。</td></tr>
<tr><td colspan="2">技术条件</td></tr>
<tr><td>磁化方法</td><td>复合磁化</td></tr>
<tr><td>检验方法</td><td>湿法、连续法</td></tr>
<tr><td>探伤部位说明</td><td>工件整个表面</td></tr>
<tr><td>验收标准</td><td>任何部位不得存在裂纹</td></tr>
<tr><td>探伤比例</td><td>100%</td></tr>
<tr><td>试片规格（D1-15/50）</td><td>将试片带沟槽面与实物试块表面密贴，试片上的沟槽应显示清晰、完整</td></tr>
<tr><td>灵敏度实物试块</td><td>试块上第 2 号、第 6 号人工孔及圆形缺陷应清晰完整显示</td></tr>
<tr><td>磁粉颜色 / 粒度</td><td>黑磁粉 /320 目</td></tr>
<tr><td>磁悬液</td><td>专用溶剂油</td></tr>
<tr><td>磁悬液浓度</td><td>（1.4～2.8）mL/100mL</td></tr>
<tr><td>周向磁化电流</td><td>AC（450～490）安培（A）</td></tr>
<tr><td>纵向磁化磁势</td><td>AC（2400～4000）安匝（AT）</td></tr>
<tr><td>观察面白光照度</td><td>不低于 1000 lx</td></tr>
<tr><td>残磁</td><td>≤0.25mT</td></tr>
</table>

4.3　轴承零件磁粉检测的质量控制

4.3.1　磁粉检测人员的质量控制

生产现场进行具体产品磁粉探伤的操作人员应经过专门的技术培训并取得轴承制造行业认可的磁粉检测人员技术资格，具体操作人员至少应达到 2 级技术资格。

4.3.2　磁粉检测设备器材的质量控制

（1）磁粉检测设备的质量控制

磁粉检测设备的电流表，至少每半年进行核查或校准（或内部校准）。

（2）磁粉检测辅助器材的质量控制

白光照度计校验、黑光强度计校验、磁强计校验一年校验一次。

（3）磁介质的质量控制

新购磁粉质量的入厂检验（粒度、磁性、荧光磁粉的荧光亮度等）、新购磁悬液载体（无味煤油）的入厂检验（闪点、粘滞性等）、新配磁悬液的质量检验（磁悬液浓度、荧光磁悬液的荧光亮度等）、在用磁悬液的质量检验（磁悬液浓度变化、污染、荧光磁悬液的荧光亮度衰减等），均为每批次检验一次。

4.3.3　磁粉检测工艺的质量控制

（1）磁粉检测工艺标准

磁粉检测工艺制定的依据是技术标准和规范，目前国内已发布的有关轴承零件磁粉检测的技术标准和规范如下：

GB/T 9445　无损检测人员资格鉴定与认证

GB/T 12604.5　无损检测术语磁粉检测

GB/T 15822.2　无损检测　磁粉检测　第 2 部分：检测介质

GB/T 18852.1　无损检验　磁粉检验　一般规则

GB/T 18852.2　无损检验　磁粉检验　第 2 部分：磁粉材料的检测

GB/T 18852.3　无损检验　磁粉检验　第 3 部分：设备

GB/T 23907—2009　无损检测　磁粉检测用材料

GB/T 24606　滚动轴承无损检测磁粉检测

JB/T 6641—2017　滚动轴承残磁及其评定方法

JB/T 8290　无损检测仪器　磁粉检测机

NB/T 47013.4　承压设备无损检测　第 4 部分：磁粉检测

Q/CR 210.1　机车车辆轮对滚动轴承无损检测　第 1 部分：磁粉检测

TB/T 1987—2003　机车车辆轮对滚动轴承磁粉检测方法

ZJB J10 001—1986　航空轴承零件磁粉检测规范

铁路客车轮轴组装检修及管理规则　铁总运〔2013〕191 号

铁路货车轮轴组装检修及管理规则　铁总运〔2016〕191 号

（2）通用磁粉检测工艺规程的编制

由磁粉检测高级技术资格人员依据相应技术标准并结合本单位的产品种类、磁粉检测设备器材条件编写，用于磁粉检测人员的技术指导和作为磁粉检测 2 级技术资格人员编写磁粉检测工艺卡的依据。

轴承无损检测磁粉检测系列记录表格见表 4-4～表 4-11。

表 4-4　探伤机检查记录表

日期	部门	探伤机型号	被探测物	周向电流	纵向磁化磁动势	磁悬液浓度	白光照度

表 4-5　轴承零件磁粉探伤残磁记录薄

探伤日期	班次	探伤合格总数	残磁	鉴定人员			备注
				探伤工	工长	质检员	

表 4-6　滚动轴承零件磁粉探伤记录薄

序号	轴承编号	时间	单位	探伤结果	备注

表 4-7　滚动轴承零件磁粉探伤发现裂纹记录薄

序号	探伤日期	轴承编号	零件名称	时间	单位	裂纹情况	探伤者	鉴定人员			备注
								工长	质检员	验收员	
小计	裂纹数：　件										

表 4-8　轴承零件（滚子）磁粉探伤发现裂纹记录薄

探伤日期	班次	零件名称	裂纹部位				报废原因或裂纹情况简述	探伤者	鉴定人员			备注
			外径	端面	倒角	其他			工长	质检员	验收员	
小计	裂纹数：　件											

表 4-9　轴承零件（滚子及密封座）磁粉探伤记录薄

探伤日期	班次	零件名称	设备编号	探伤磁化规范		探伤总数	合格件数	报废件数	报废原因或裂纹情况简述	探伤工	鉴定人员			备注
				周向（A）	纵向（安匝）						探伤班长	质检员	验收员	
小计	探伤数：　件					合格数：　件				裂纹数：　件				

表 4-10　磁粉探伤机日常性能校验记录

探伤设备	名称		磁粉颜色		探伤工艺方法	湿法干法连续法		
	型号		磁粉粒度	目	磁化方式	复合、周向、纵向	试片规格	
	编号		悬液浓度	mL/100mL	周向磁化电流	A	试片显示	
磁粉厂家			悬液更换日期		纵向磁化磁动势	安匝	剩磁强度	mT（Gs）
被探测物			紫外辐照度	$\mu W/cm^2$	提升力	N	白光照度	lx
探伤工			探伤工长		质检员		验收员	
备注								

表 4-11　轴承零件发现裂纹记录薄

探伤日期	班次	零件名称	裂纹部位								报废原因或裂纹情况简述	探伤者	鉴定人员			备注
			外径	内径	端面	倒角	牙口	滚道	挡边	其他			工长	质检员	验收员	
小计	裂纹数：　件															

4.3.4　检测环境的控制

磁粉探伤作业应在独立的工作场地进行，探伤的工作场地应整洁明亮，照度适中，通风良好，探伤环境温度应保持在 10℃～30℃范围内。探伤工作场地应远离潮湿、粉尘场所；探伤设备所用的电源应与大型机械、动力电源线分开独立接线。

若采用荧光磁粉探伤工艺，应无阳光直射到观察区域，且观察区域白光照度应≤20lx。紫外线辐射照度不应低于 1000$\mu W/cm^2$。若采用非荧光磁粉探伤工艺，白光照度不应低于 1000lx。

4.3.5　管理制度

轴承磁粉零件探伤应遵循安全、科学、有效的原则，对探伤操作过程中涉及的人机料法环等各因素进行有效管理和控制，按照以下要求开展探伤活动。

1）要熟悉设备各项性能、结构和操作方法，正确地使用设备，严禁超性能、超负荷、不正确的操作方法使用设备。

2）开机前应按检查设备的各个防护装置是否起到安全防护作用，检查操作面板上的各个开关按钮是否完好无缺损并在正确的位置上。

3）开动设备前应该检查设备上是否有杂物和与操作无关的物件存放，应保证设备的清洁。

4）开机时，要适当进行设备空运行，手动方式下进行各个动作的试运行，确定各个动作正常后再进行工作。如发现有动作不正常应该立即停机，让相关技术人员检修排除故障，确定运行平稳可靠后再进行工作。

5）示例：CDW9000 型磁粉检测设备操作步骤如下：

手动操作：①打开设备电源开关，设备得电，电源指示灯亮。根据要探工件的型号，按工艺的相关要求在触摸屏上设置周向和纵向的磁化电流，磁化时间等相关参数。②按下下料开关，工件从上料道下料到工件的探伤工位（如无料道的相关装置，需要人工上料到相应的探伤工位）。③工作方式拨至手动状态，按下夹紧按钮开关，电极夹紧工件，按动喷淋按钮开关或用手动喷枪对工件进行磁悬液喷淋，同时按下转动按钮开关。使工件转动喷淋，保证工件各个部位充分湿润。④按动磁化按钮开关或脚踏开关，对工件进行磁化，注意：在磁化结束前，必须先将喷淋停止，否则工件上形成的磁痕可能被喷淋冲掉。⑤按下转动按钮开关，使工件转动进行观察检查。检查完毕，按动退磁按钮开关，使工件进行退磁。退磁完毕，按动松开按钮开关，将工件松开。⑥按下下料按钮开关，工件下料到下料道内（如无料道，需要人工进行下料操作）。

自动操作：①打开设备电源开关，设备得电，电源指示灯亮。根据要探工件的型号，按工艺的相关要求在触摸屏上设置周向和纵向的磁化电流，磁化时间等相关参数。②按下下料开关，工件从上料道下料到工件的探伤工位（如无料道的相关装置，需要人工上料到相应的探伤工位）。③将工作方式拨到自动状态。④按动工作按钮开关，设备进入自动程序控制状态，实现上料后（如无自动上料需人工上料）—电极夹紧—转动—喷淋—磁化—电极松开—转动观察—电极夹紧—退磁—松开—工件下料（人工）等一系列动作的半自动化。程序执行完成后自动复位。

6）关闭机床时应把各个开关停在停止位上，然后再切断设备的电源。

7）操作人员对设备以及设备的附件、仪表防护装置应妥善保管，保持完好。

第5章 轴承零件磁粉探伤典型缺陷图谱

5.1 原材料缺陷

典型原材料缺陷主要有材料裂纹、缩管残余、白点、脱碳、非金属夹杂、显微孔隙、夹渣、分层等。多数都是与材料冶炼工艺、轧制成型有关。

轴承零部件中常出现的原材料缺陷主要有原材料表面裂纹、发纹、折叠、夹渣以及夹杂等。

裂纹：当钢锭在锻压开坯或轧制过程中，由于锻压应力不均匀或加热温度不当、锻坯温度不均匀，或者锻坯表面存在缺陷等可能产生纵向裂纹或横向裂纹。

发纹：发纹是冶炼时钢锭的皮下气泡或内部夹杂物经轧制变形被拉长形成的细长如发丝的缺陷，一般沿轧制方向断续分布，有单独一条存在，也有多条存在。

折叠：当锻压开坯或轧制时，钢坯上挤出一些材料形成凸瘤，此凸瘤在后续压轧时被压入本体而形成折叠，它的延伸方向往往与表面成锐角。

夹渣：金属在冶炼时由于炼钢炉炉壁、出钢槽或钢水包上的耐火材料被钢水冲刷剥落进入钢液中，钢锭凝固后，块状夹杂物在轧制变形时被破碎，沿轧制方向分布。

夹杂：如冶炼时加入的铁、铝、硅或其他原料合金块未完全熔化单独存在钢液中，或者冶金反应生成的氧化物夹杂等未随炉渣排出而残留在钢中。

轴承钢棒料进货检验时，发现轴承钢棒料沿钢材轧制方向有一条明显的表面裂纹，其长度和钢材棒料的长度相同，如果有明显表面划痕或划伤裂纹的轴承钢棒料用于锻造生产轴承套圈，棒料表面缺陷经锻造加工后会进一步扩大张开，形成废品。

轴承钢在生产过程中可能由于炼钢炉壁、浇包上的耐火材料被钢液冲刷剥落进入钢液中，浇注钢锭凝固后，大块状的夹杂沿轧制方向分布，导致轴承钢棒料内产生大块状的非金属夹杂物。轴承钢中大块状夹杂物容易造成应力集中，加速滚动面的疲劳剥落，使轴承提前破坏。因此，对于加工过程中肉眼可见的大块状夹杂物零件，一定要挑出报废，不能流入下道工序。

以下是原材料缺陷荧光磁粉探伤的磁痕案例。

5.1.1　原材料夹杂

钢中非金属夹杂物根源可分两大类，即外来非金属夹杂物和内生非金属夹杂物。外来非金属夹杂物是钢冶炼、浇注过程中炉渣及耐火材料浸蚀剥落后进入钢液而形成的，内生非金属夹杂物主要是冶炼、浇注过程中物理化学反应的生成物。它们都会降低钢的机械性能，特别是降低塑性、韧性及疲劳极限。严重时，还会使钢在热加工与热处理时产生裂纹或使用时突然断裂（见图 5-1 ～图 5-27）。夹杂物的控制是衡量钢质量的重要指标，其类型、组成、形态、含量、尺寸、分布等各种状态因素都对钢性能产生影响。

GB/T 18254—2016《高碳铬轴承钢》规定，高碳铬轴承钢非金属夹杂物根据形态及分布，划分为五大类，分别为硫化物类（A 类）、氧化铝类（B 类）、硅酸盐类（C 类）、球状氧化物类（D 类）以及单颗粒球状类（DS 类）。

图 5-1　端面靠近内倒角处材料夹杂磁痕

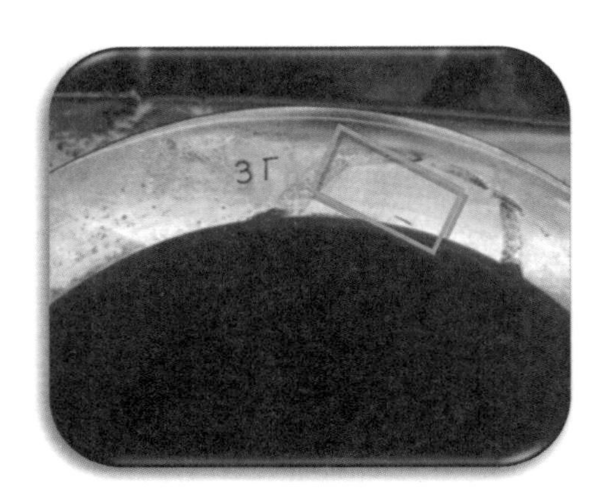

图 5-2　端面靠近内倒角处周向材料夹杂磁痕

图 5-3　滚道单条圆周方向材料夹杂磁痕

图 5-4　内圈滚道多条轴向材料夹杂磁痕

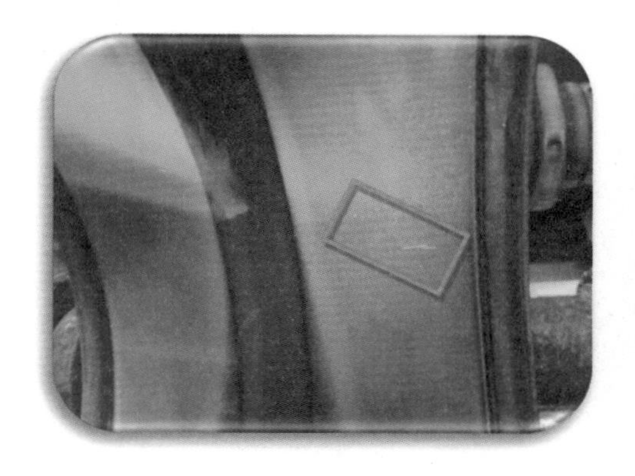

图 5-5　双列套圈滚道材料夹杂磁痕

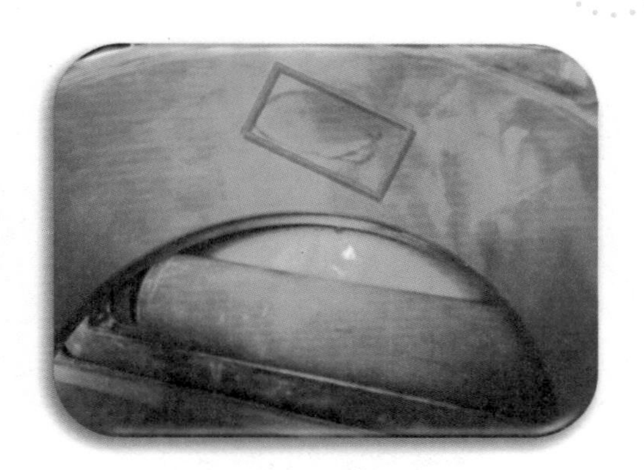

图 5-6　外滚道材料夹杂磁痕

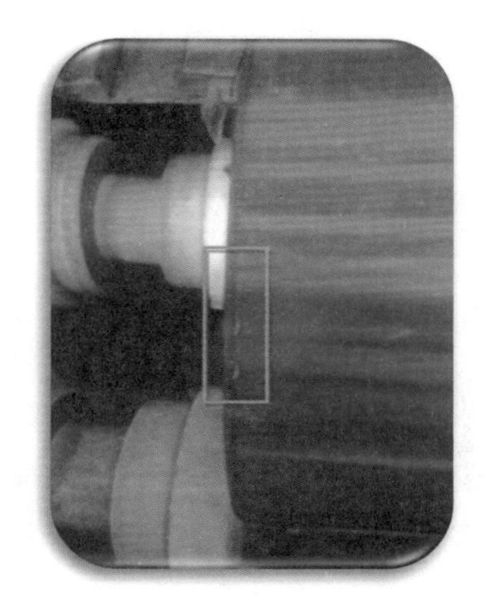

图 5-7　外圈外径周向材料夹杂磁痕

图 5-8　端面中间位置材料夹杂磁痕

图 5-9　滚道多条周向材料夹杂磁痕

图 5-10　滚道局部圆周方向材料夹杂磁痕

图 5-11　内径周向材料夹杂磁痕

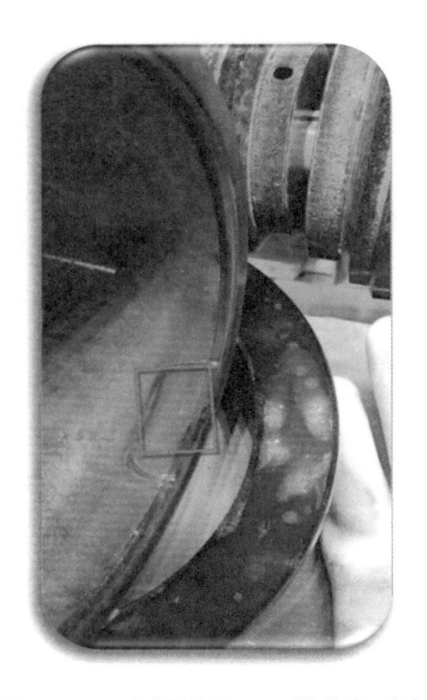

图 5-12　内圈滚道牙口处夹杂磁痕

图 5-13　外径材料夹杂磁痕

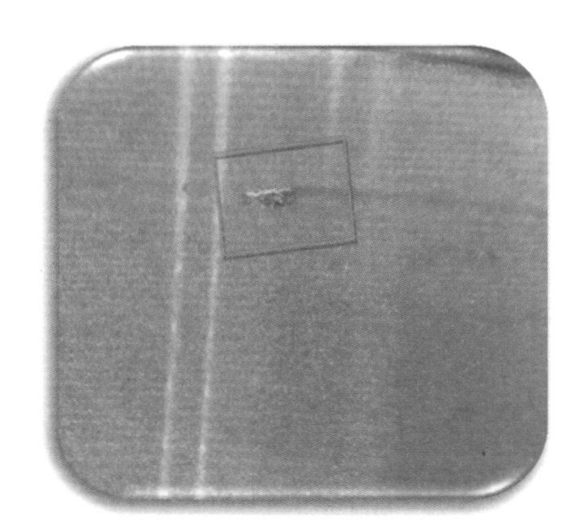

图 5-14　外径轴向材料夹杂磁痕

图 5-15　双列外圈滚道单条周向材料夹杂磁痕

图 5-16　外圈滚道单条周向材料夹杂磁痕

图5-17　外圈滚道周向材料夹杂磁痕

图5-18　双列外圈滚道轴向材料夹杂磁痕

图5-19　内圈内径面周向材料夹杂（多条）

图5-20　内圈内径面周向材料夹杂一（两条）

图5-21　内圈内径面周向材料夹杂二（两条）

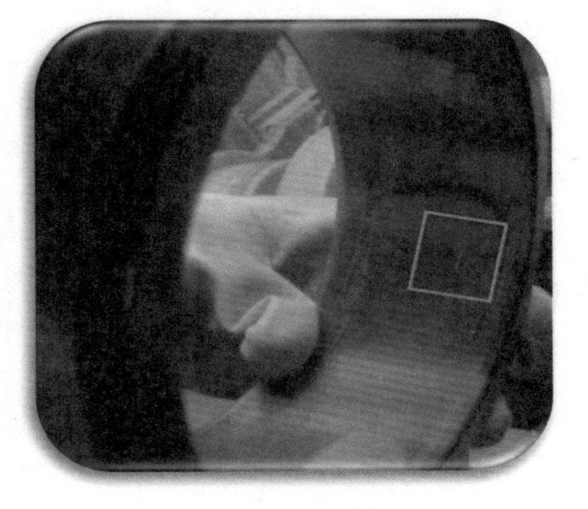

图5-22　内圈内径周向材料缺陷

图 5-23　内圈平面材料缺陷（由端面延伸到倒角，红色是由于相机在黑光灯下反光所致）

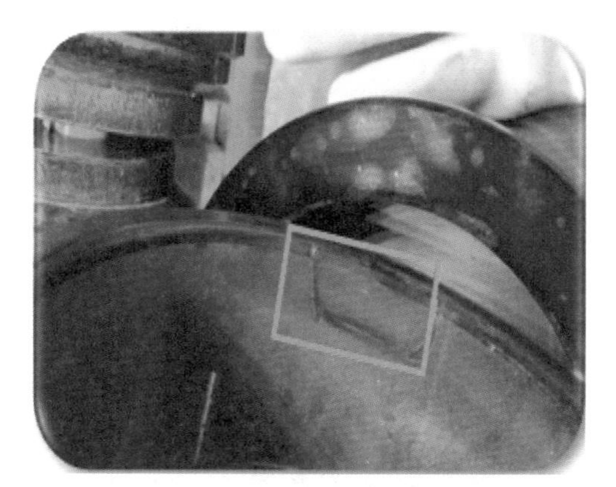

图 5-24　外圈滚道局部材料夹杂物

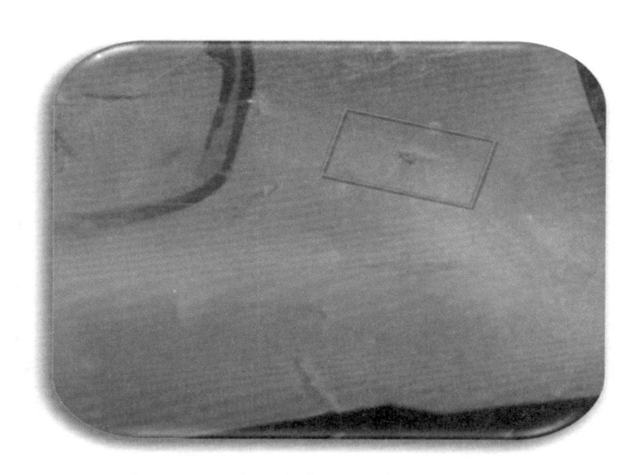

图 5-25　内圈内径面周向材料夹杂一

图 5-26　内圈内径面周向材料夹杂二（绿色是由于磁粉颜色过渡背景所致）

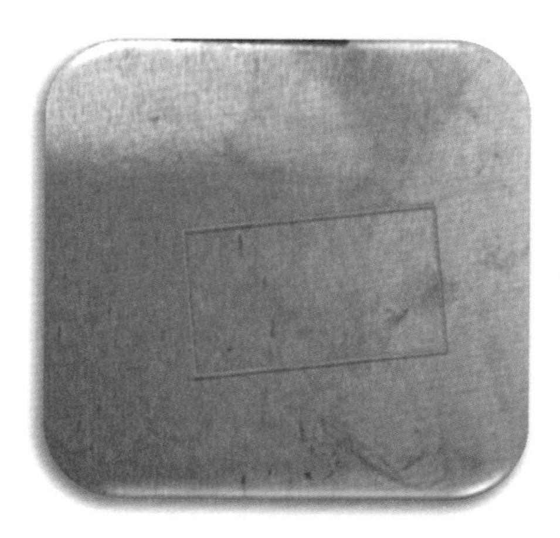

图 5-27　内圈内径面周向材料夹杂三

5.1.2　原材料裂纹

广义来讲，一般把从钢厂生产出来的型钢、钢锭、锻件等存在的裂纹统称为原材料裂纹，主要是为了与材料使用单位在后续加工过程中出现的各种裂纹相区别。

常见原材料裂纹有材料表面裂纹、表面折叠、表面划伤、材料发纹、缩孔残余以及氢脆裂纹等（见图 5-28～图 5-35）。原材料裂纹多数与冶炼轧制加工工艺控制、材料偏析有关。

图 5-28　内圈滚道材料裂纹

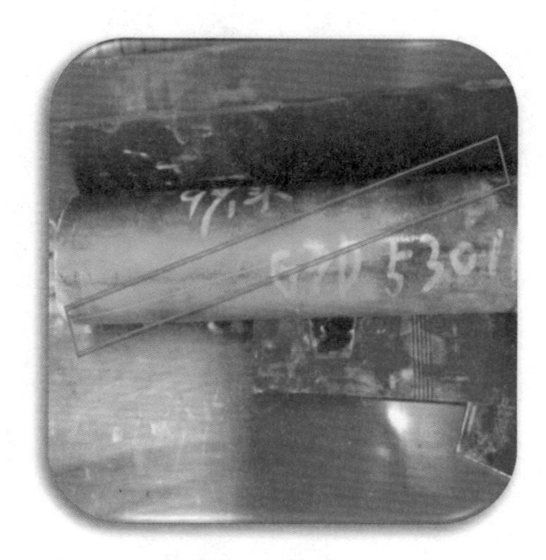

图 5-29　棒料外径轧制方向材料裂纹

图 5-30　外圈倒角材料裂纹

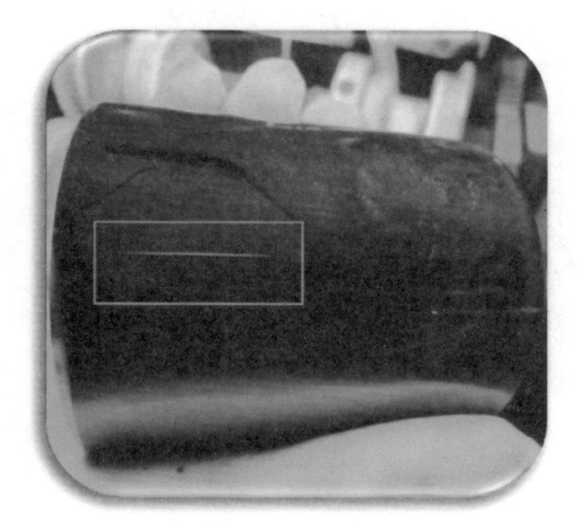

图 5-31　滚子外径面轴向材料发纹

图 5-32　滚子外径面轴向原材料裂纹

图 5-33　外径材料裂纹

图 5-34　外圈外径面原材料裂纹

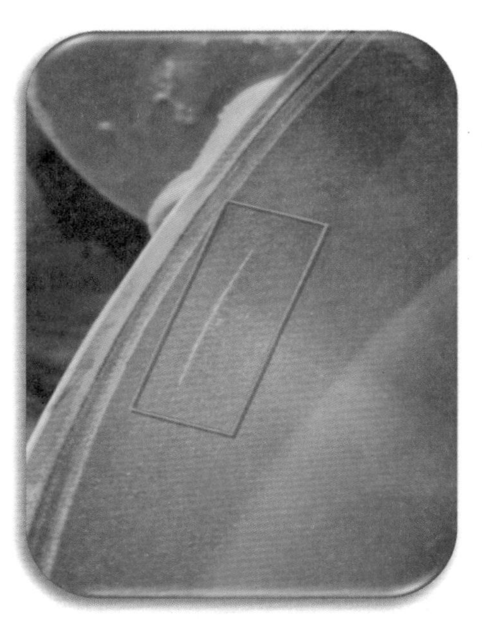

图 5-35　滚道周向原材料裂纹

5.1.3　原材料碳化物带状

钢材由液态向固态的凝固转变过程中，由于材料内外冷速不同，以及合金元素在微区域的非均匀性分布，致使材料内部碳化物析出时产生聚集偏析，在随后的轧制过程中，碳化物沿钢锭轧制方向形成带状分布，即带状碳化物。由于连铸轴承钢是含有铬元素的过共析钢，因此在连铸坯的凝固结晶过程中，不可避免地会产生碳化物。碳化物带状是钢液在凝固过程中形成的结晶偏析，造成碳高低浓度不同的偏析带，轧制延伸后，冷却过程中高浓度区域析出大量过剩的二次碳化物，从而形成黑白（高低碳）相间的碳化物条带状组织（见图 5-36～图 5-57）。

钢中带状碳化物通过锻造和热处理不能被改善。为改善轴承钢的碳化物带状，一方面可通过降低钢材结晶过程中树枝晶偏析程度，另一方面也可通过轧制高温扩散以降低树枝晶偏析。

带状碳化物对金相组织、机械性能和使用寿命均有明显影响，为此在原材料检查时，必须严格控制碳化物偏析，以保证产品质量。

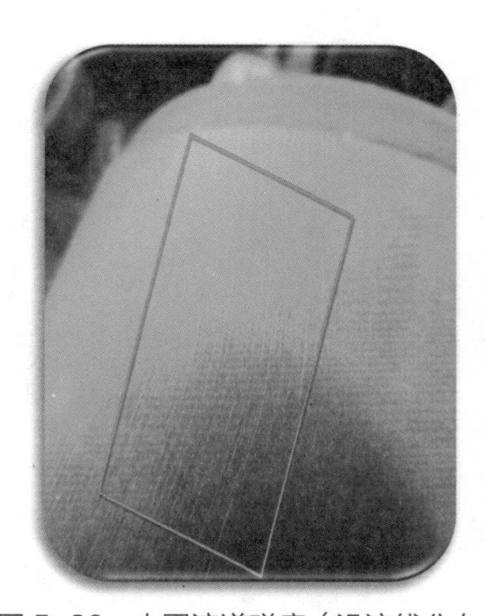

图 5-36　内圈滚道磁痕（沿流线分布）

图 5-37　内圈滚道线状磁痕

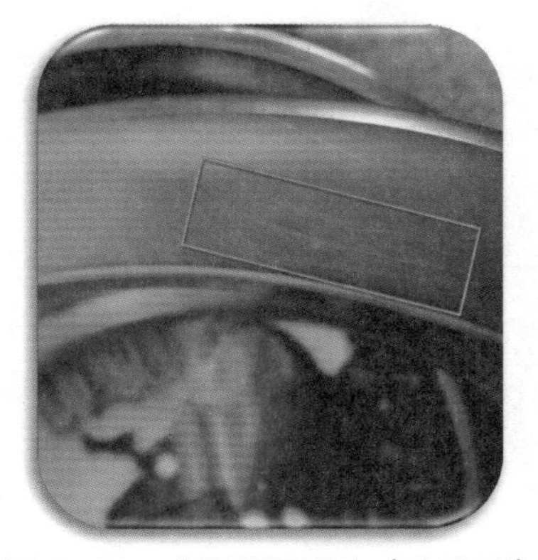

图 5-38　套圈端面磁痕（流线形）

图 5-39　套圈端面磁痕（点状）

图 5-40　端面多条圆周方向磁痕

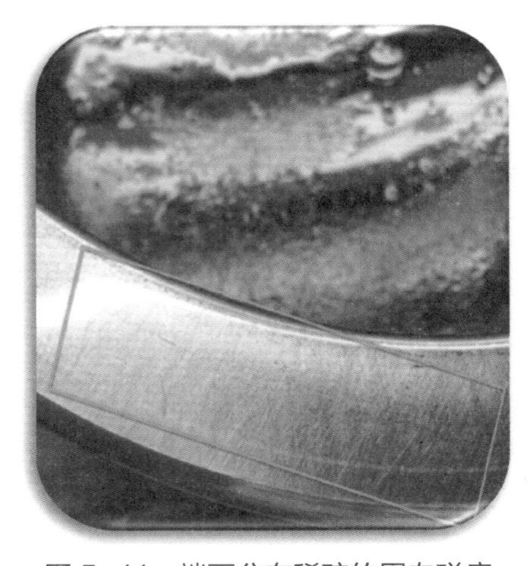

图 5-41　端面分布稀疏的周向磁痕

图 5-42　端面周向磁痕

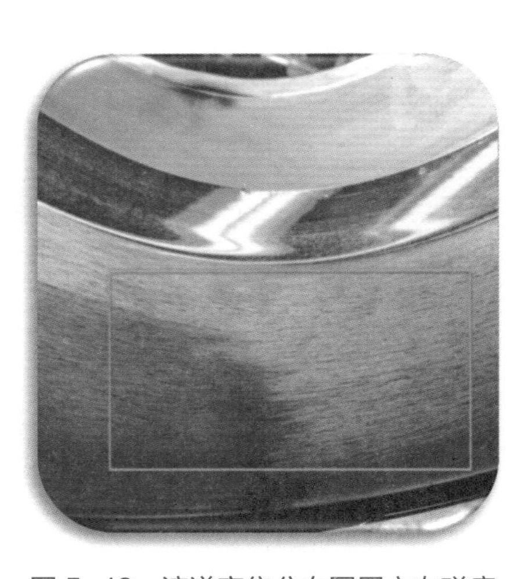

图 5-43　滚道密集分布圆周方向磁痕

图 5-44　滚道圆周方向磁痕

图 5-45　滚道碳化物聚集磁痕

图 5-46　内圈内径局部大量密集分布磁痕

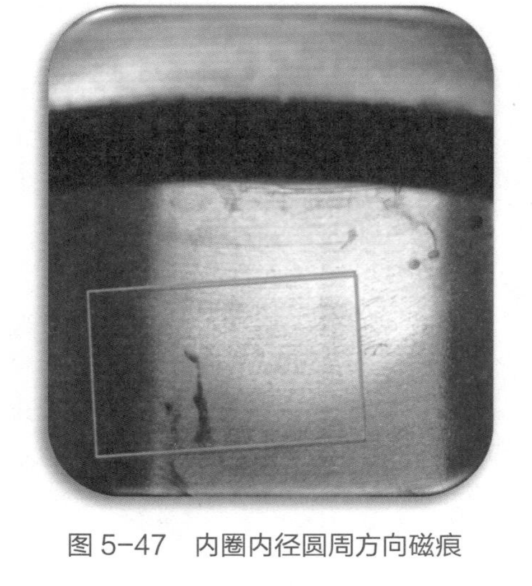

图 5-47　内圈内径圆周方向磁痕

图 5-48　塔形试样轴向分布磁痕

图 5-49　外圈滚道短线状磁痕

图 5-50　内圈滚道轴向线状磁痕

图 5-51　外圈滚道大量密集分布的周向磁痕

图5-52　外圈滚道短线状磁痕

图5-53　原材料（棒料）表面磁痕

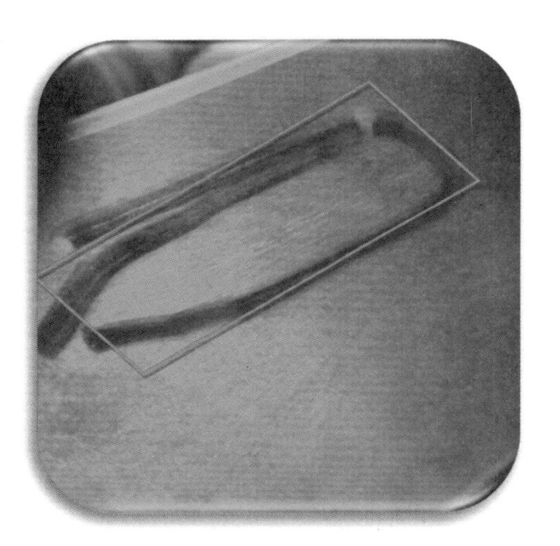

图5-54　外圈滚道圆周方向磁痕

图5-55　外圈滚道局部圆周方向磁痕

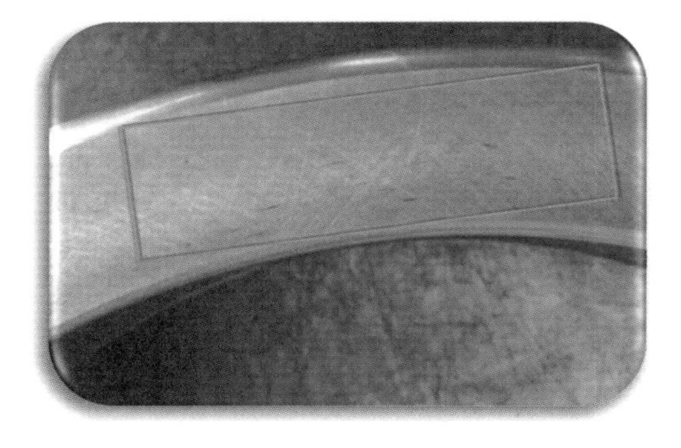

图5-56　端面弥散分布的多条圆周方向磁痕

图5-57　外圈平面聚磁

5.1.4 原材料夹渣

材料夹渣的形成和产生类似于非金属材料夹杂物，其在体积或分布区域方面均要大于一般非金属夹杂物（见图 5–58 ～ 图 5–77）。其产生原因一般有以下方面：

原辅材料杂质较多或炉料尺寸控制不当、炉料表面氧化严重，以致内部产生夹渣；在冶炼过程中，液体金属脱氧处理不当或者表面氧化严重、冶炼温度控制不当等，产生夹渣；耐火材料由于热强度太低或稳定性差，脱落后进入钢液中产生夹渣。

材料夹渣的类别按来源可分为：内生夹渣和外来夹渣。

按夹渣成分、形态、种类分为：氧化物夹渣、硫化物夹渣、复合化合物夹渣等。

按夹渣的大小和分布，可分为宏观夹渣和微观夹渣。

材料夹渣对轴承的加工、使用有着严重的危害，由于其尺寸要大于常规非金属夹杂物，在轴承套圈加工时会在夹渣位置诱发热处理淬火裂纹，若分布于轴承滚道表面或次表面，将会严重影响轴承疲劳寿命，降低安全系数，严重时极易引发轴承断裂等。

图 5–58 外径材料夹渣磁痕

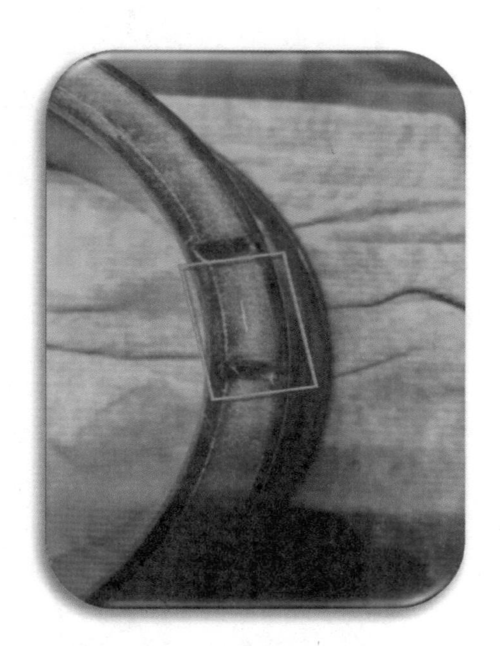

图 5–59 端面材料夹渣磁痕

图 5-60　外圈外径周向材料夹渣磁痕

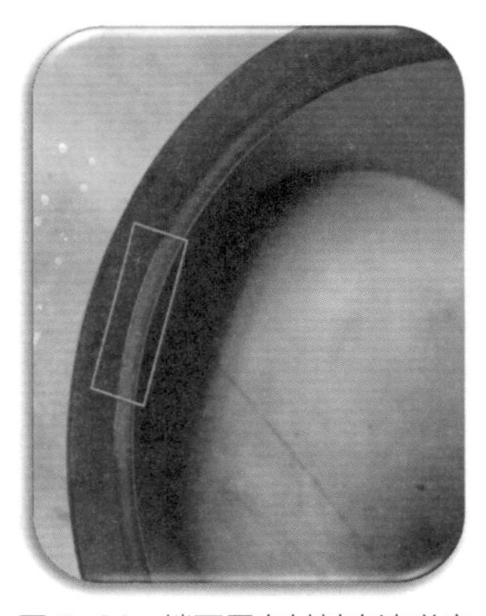

图 5-61　端面周向材料夹渣磁痕

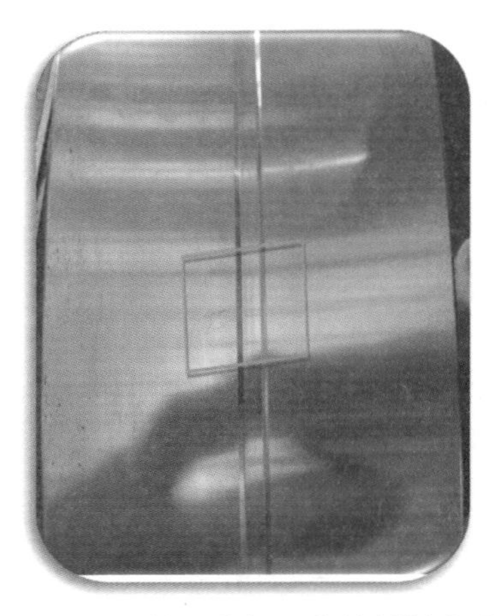

图 5-62　外圈外径聚集状材料夹渣

图 5-63　外圈外径材料轴向夹渣

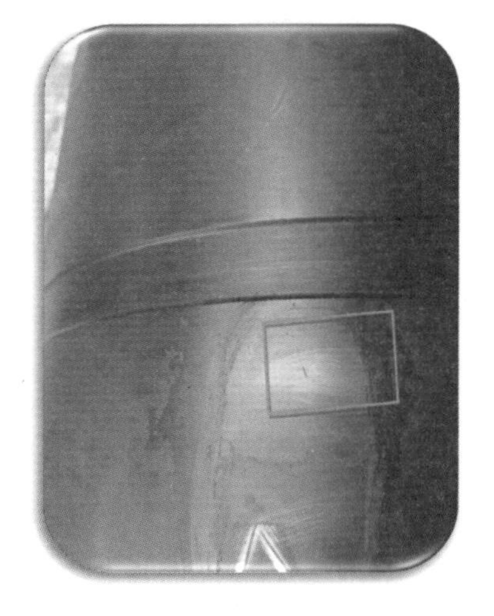

图 5-64　外径线状材料夹渣

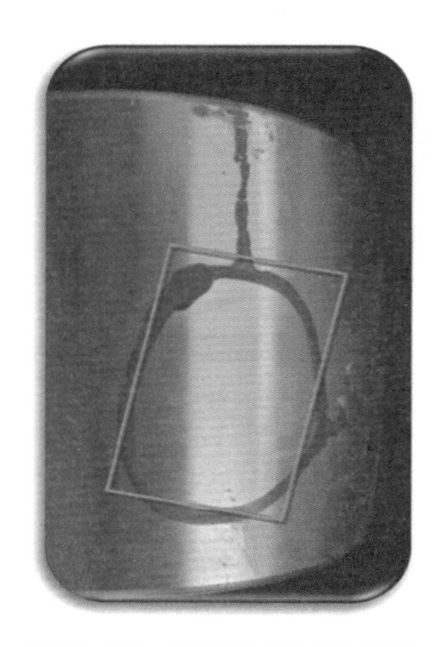

图 5-65　滚子外径材料夹渣

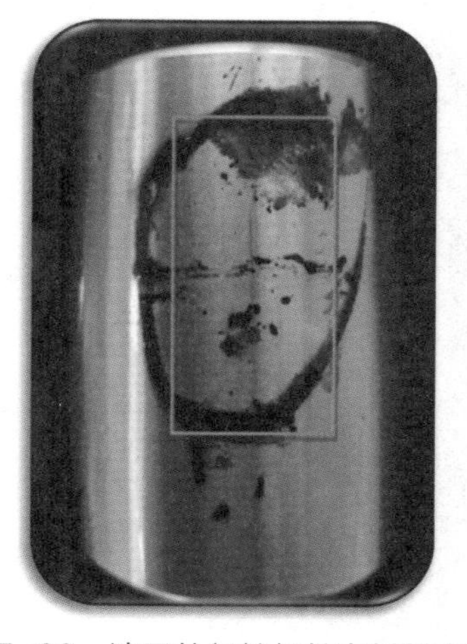

图 5-66　滚子外径较长轴向材料夹渣

图 5-67　滚子外径轴向贯穿性材料夹渣

图 5-68　滚道材料夹渣

图 5-69　套圈滚道材料夹渣

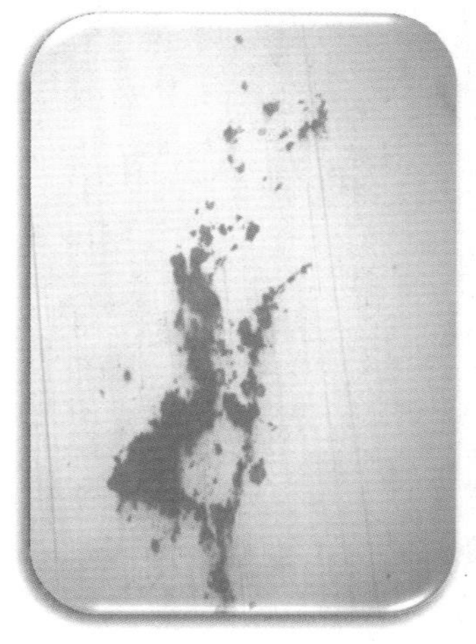

图 5-70　外径轴向夹渣截面金相形貌 ×45

图 5-71　外径非金属夹渣显微形貌 ×100

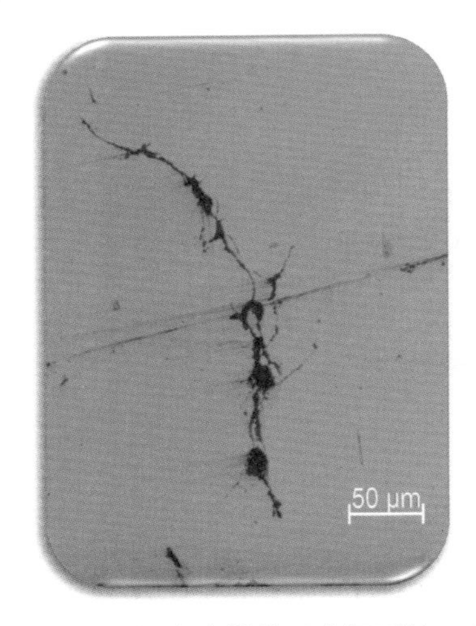

图 5-72　外径夹渣横截面金相形貌　×200

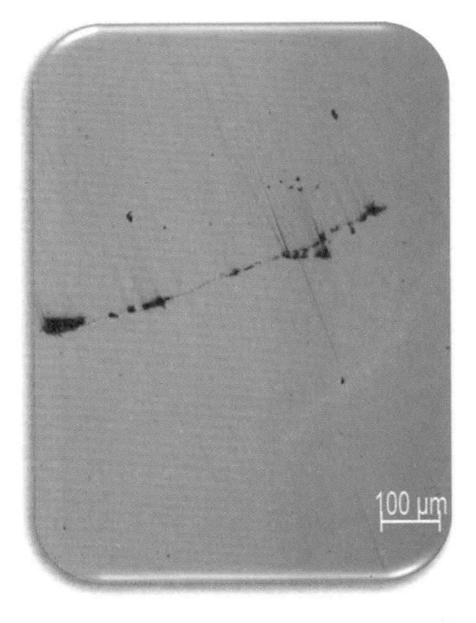

图 5-73　端面夹渣金相形貌　×200

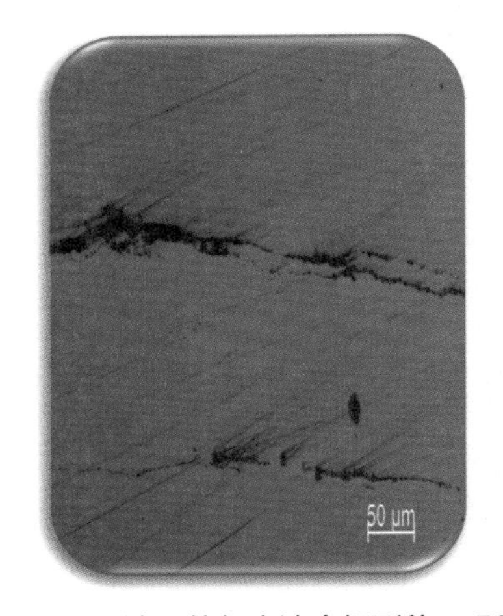

图 5-74　滚子外径夹渣金相形貌　×500

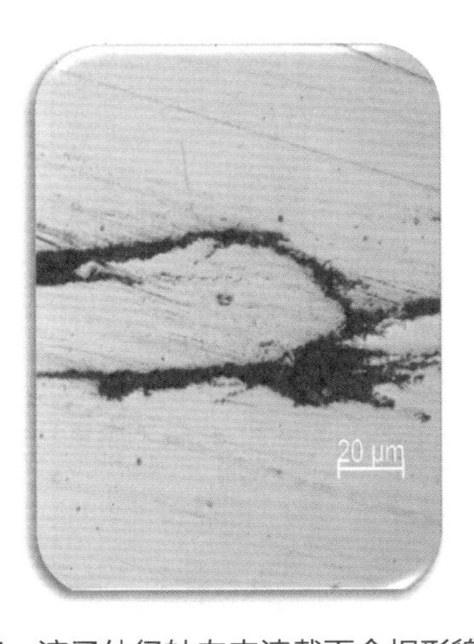

图 5-75　滚子外径轴向夹渣截面金相形貌　×500

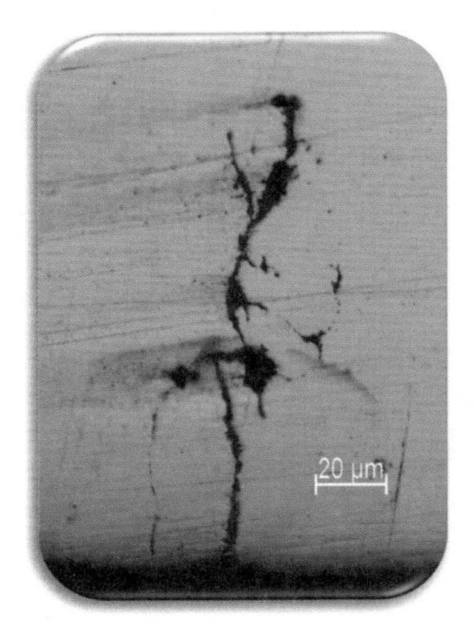

图 5-76　外径夹渣横截面金相形貌　×500

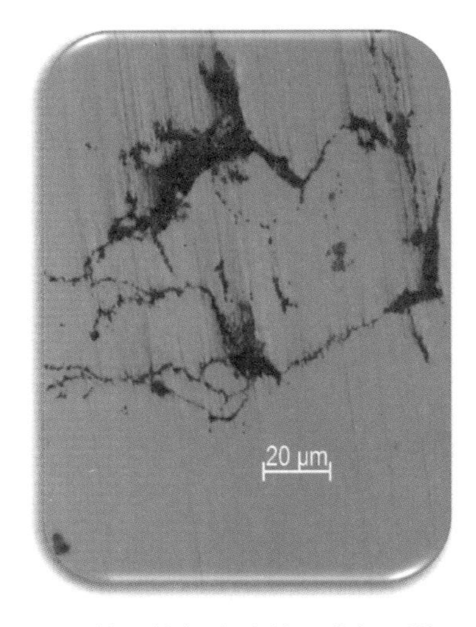

图 5-77　外圈外径夹渣截面金相形貌　×500

5.2 锻造缺陷

轴承零件产生锻造缺陷的原因一是原材料因素，二是工艺问题（如加热温度与保温时间不当、锻造工艺不当、加工不规范等）。锻造缺陷主要有折叠、裂纹、过烧、湿裂、内裂等，一般存在于轴承外径、端面、倒角、内径等处，其形态有网状、树枝状、直线状（见图 5-78～图 5-151）。

例如造成轴承套圈端面折叠裂纹的原因，一是因下料毛刺引起的轴承套圈端面折叠裂纹，轴承钢棒料经过中频感应加热后，送至压力机剪切下料。由于剪切下料刀板在使用一段时间后，刃口变钝、模具之间的间隙加大，导致下料锻坯产生较大的毛刺。下料毛坯经压平镦粗、冲压及扩孔等锻造加工工序，毛刺可能会折叠在端面上，再经车削、热处理、磨削加工后，毛刺可能脱落，端面有明显的凹坑裂纹；二是因扩孔不当引起的轴承套圈端面折叠裂纹，轴承套圈在扩孔过程中，由于芯轴和辗压轮运转速度不协调，导致端面有两股（或多股）金属流，锻件端面不平整出现部分凹陷。如果锻件端面不平整出现部分凹陷深度较深，经车削磨削加工不能消除，车件或者磨件端面就会出现明显的端面折叠裂纹。

锻造过烧，材料锻造加热温度过高，保温时间过长会产生过热，严重时晶界氧化甚至熔化，微观观察不仅表面层金属晶界被氧化开裂呈现尖角，而且金属内部成分偏析较严重的区域，晶界也开始熔化，严重时也会形成尖角状洞穴；过烧的材料在这种缺陷状态下进行锻造加工，受到重锤的锻打、冲孔、碾扩，缺陷处会进一步在此产生撕裂，形成更大的缺陷。严重的锻造过烧的表面形态如桔子皮，上面分布有细小的裂缝和很厚的氧化皮。

获得理想锻件的最基本原理是必须选择适当的始锻温度、终锻温度和冷却速度，对 GCr15 钢，该温度分别为 1150℃和 850℃～900℃，冷却方式采用自然冷却。锻件的显微组织属锻件的内在质量，是控制上述工艺参数的主要依据。

以下为锻造缺陷荧光磁粉探伤磁痕案例。

图 5-78　内圈内径封闭环形锻造折叠磁痕

图 5-79　内圈大端面锻造折叠磁痕

图 5-80　内圈大端面锻造折叠磁痕

图 5-81　内圈端面锻造凹心残余磁痕

图 5-82　内圈端面（外倒角）锻造湿裂磁痕

图 5-83　内圈端面锻造折叠磁痕

图 5-84　内圈端面靠近内倒角处锻造折叠磁痕

图 5-85　内圈内倒角处锻造折叠磁痕

图 5-86　外圈外径面锻造折叠磁痕

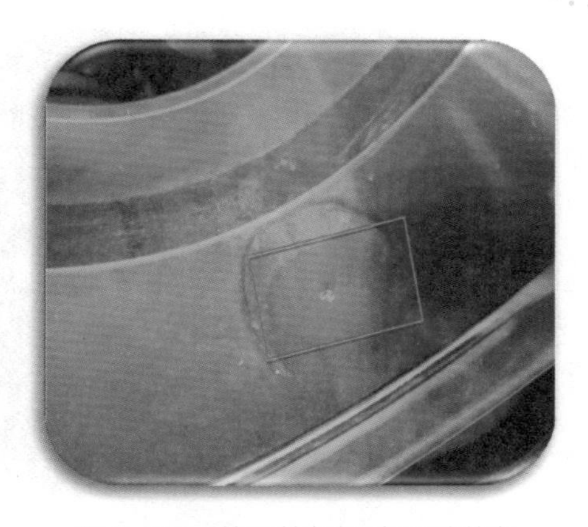

图 5-87　外圈外径锻造湿裂磁痕

图 5-88　外径外倒角处锻造折叠磁痕

图 5-89　外径靠近中槽处锻造折叠磁痕

图 5-90　内圈内径边缘锻造折叠磁痕

图 5-91　内圈端面中部锻造凹心残余磁痕

图 5-92　外圈外径周向锻造湿裂（经冷酸腐蚀）

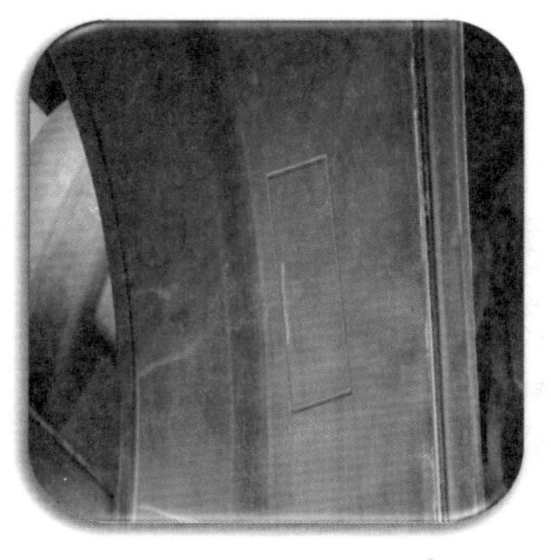

图 5-93　外圈滚道周向锻造折叠磁痕

图 5-94　外圈滚道边缘锻造折叠磁痕

图 5-95　外圈倒角处锻造折叠磁痕

图 5-96　外圈外倒角锻造折叠磁痕

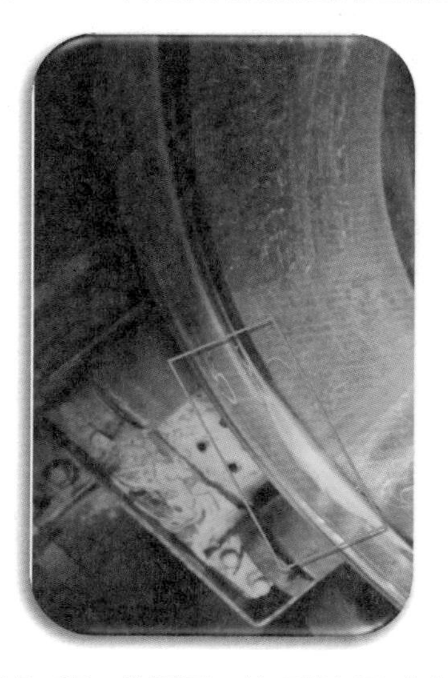

图 5-97　外圈牙口处环状折叠磁痕

图 5-98　牙口周向锻造折叠磁痕

图 5-99　倒角延伸至端面的锻造折叠磁痕

图 5-100　端面单条斜向锻造折叠磁痕

图 5-101　端面锻造凹心残余磁痕

图 5-102　套圈端面锻造凹心残余磁痕

图 5-103　套圈端面锻造凹心残余磁痕

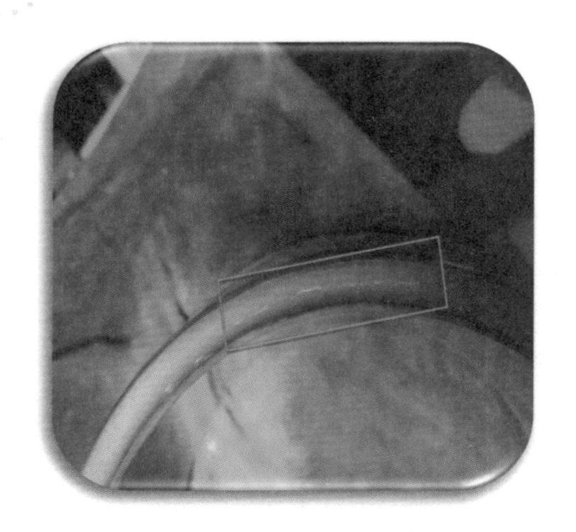

图 5-104　套圈端面锻造凹心残余磁痕

图 5-105　端面圆周方向锻造折叠磁痕

图 5-106　端面锻造折叠磁痕

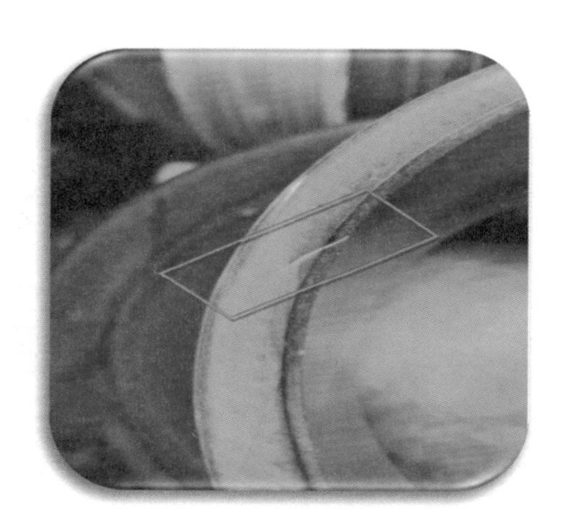

图 5-107　端面锻造折叠磁痕

图 5-108　端面锻造折叠磁痕

图 5-109　端面锻造折叠磁痕

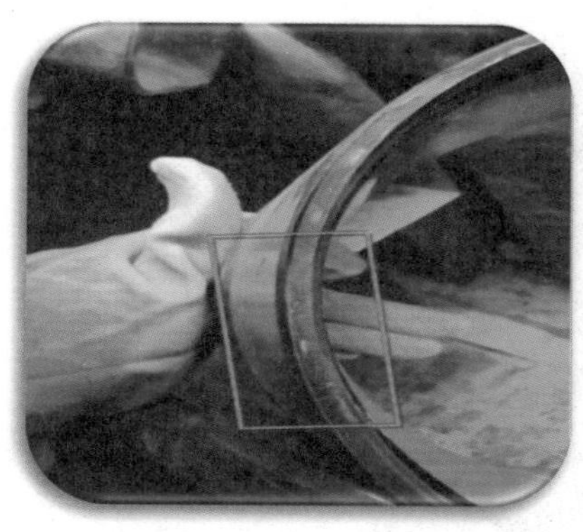

图 5-110 端面锻造折叠磁痕

图 5-111 端面锻造折叠延伸至倒角

图 5-112 端面圆周方向锻造凹心磁痕

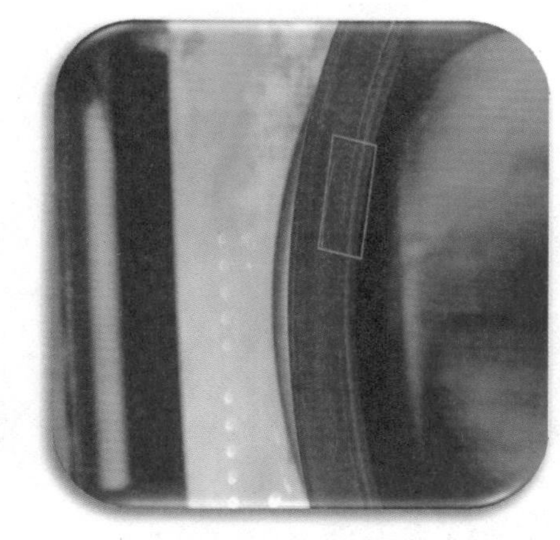

图 5-113 端面中间位置圆周方向锻造凹心磁痕

图 5-114 端面靠近内倒角处周向锻造折叠磁痕

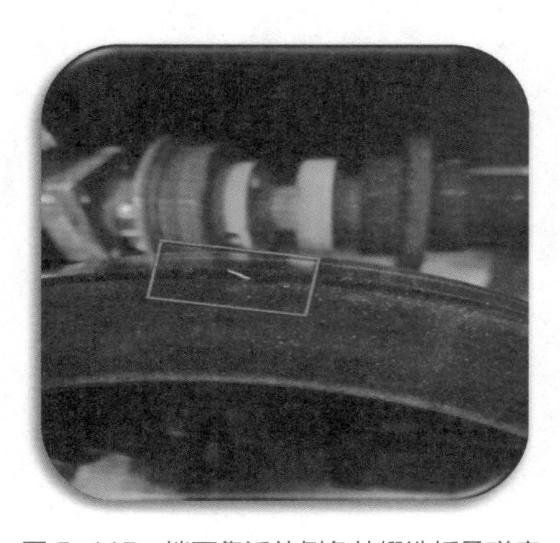

图 5-115 端面靠近外倒角处锻造折叠磁痕

图 5-116　端面周向锻造凹心残余磁痕

图 5-117　端面中间位置锻造凹心残余磁痕

图 5-118　端面周向锻造折叠磁痕

图 5-119　端面圆周方向不连续锻造凹心残余磁痕

图 5-120　端面周向锻造折叠磁痕

图 5-121　套圈内倒角锻造折叠磁痕

图 5-122　套圈倒角锻造折叠磁痕

图 5-123　滚道环状锻造折叠磁痕

图 5-124　滚道边缘周向锻造折叠磁痕

图 5-125　滚道圆周不连续锻造折叠磁痕

图 5-126　滚道环状锻造折叠磁痕

图 5-127　滚道圆环形锻造折叠磁痕

图 5-128　套圈滚道折叠缺陷磁痕

图 5-129　滚道边缘折叠磁痕

图 5-130　内圈外径环形锻造折叠磁痕

图 5-131　套圈端面锻造折叠磁痕

图 5-132　套圈倒角锻造折叠磁痕

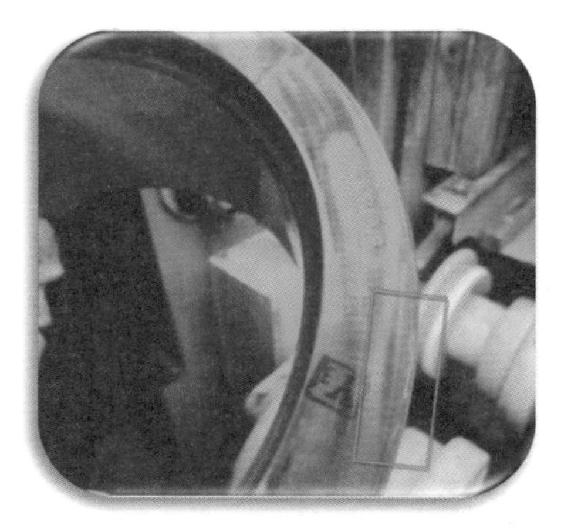

图 5-133　套圈倒角锻造折叠磁痕

图 5-134　内圈外径锻造折叠磁痕

图 5-135　内圈滚道锻造折叠磁痕

图 5-136　内圈倒角锻造折叠磁痕

图 5-137　内圈端面锻造折叠磁痕

锻造缺陷

图 5-138　内圈内径平面锻造裂纹

图 5-139　外圈倒角锻造裂纹

图 5-140　外圈倒角锻造折叠磁痕

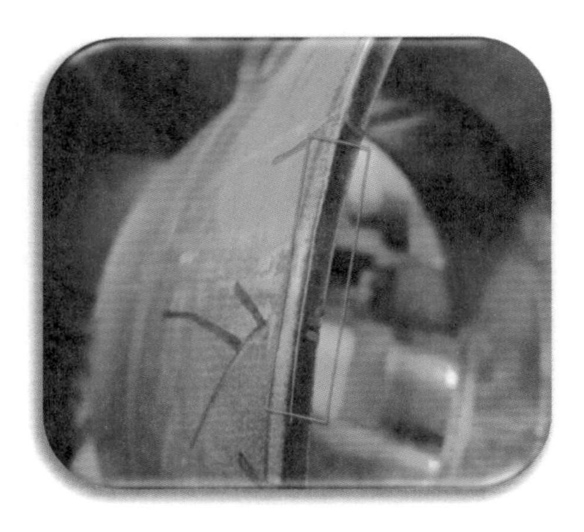

图 5-141　套圈倒角锻造折叠磁痕

图 5-142　外圈倒角锻造折叠裂纹

图 5-143　滚道边缘碾扩裂纹磁痕

图 5-144　套圈滚道锻造过烧点状磁痕

图 5-145　套圈滚道锻造过烧点状磁痕

图 5-146　滚道锻造过烧孔洞（裂纹）磁痕

图 5-147　外径边缘碾扩裂纹磁痕

图 5-148　外径锻造过烧孔洞磁痕

图 5-149　外径点状过烧孔洞磁痕

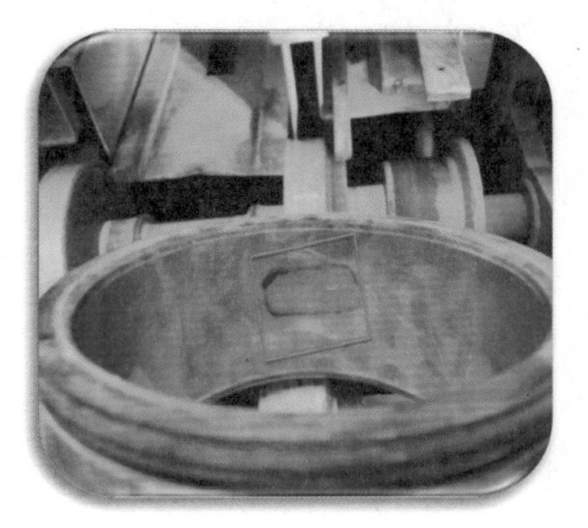

图 5-150　外圈滚道过烧孔洞磁痕

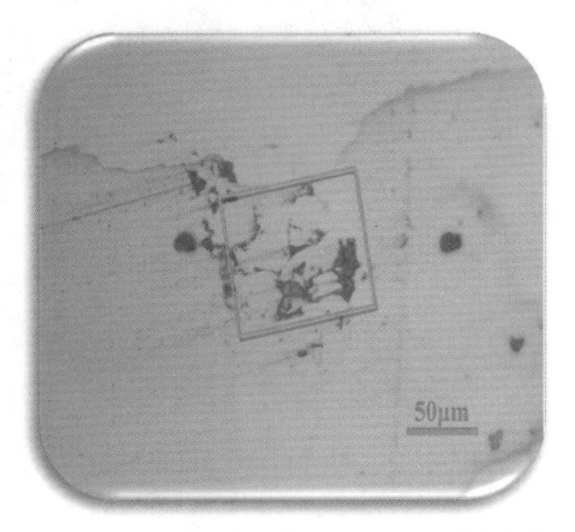

图 5-151　锻造过烧孔洞局部显微形貌

5.3　淬火裂纹

轴承零件在淬火过程中由于所产生的内应力大于材料断裂强度而产生的脆性开裂，称为淬火裂纹。在淬火过程中因为淬火温度过高或冷却速度太快，当内应力大于材料的断裂强度时，就会出现淬火裂纹。此类裂纹或大或小、或长或短，或粗或细，或深或浅。淬火裂纹形状不规则，有直线状、树枝状、弧形状、辐射状等。内应力包含组织转变应力和淬火冷却热应力，是造成淬火裂纹的本质因素。结合轴承零件生产实际，引起淬火裂纹的原因较复杂，归纳起来包括材料冶金缺陷（严重的非金属夹杂物、缩孔残余、发纹、严重的碳化物偏析等）、零件结构缺陷（零件壁厚差大、油沟和尖锐棱角等）、淬火前工序间缺陷（锻造过烧、冷冲成形应力过大、较深的车刀痕等）和淬火工艺不良（淬火温度过高、冷却不良、表面脱碳、淬火返修工艺不当）等。

轴承零件淬火裂纹形状很不规则，有的沿横向，有的沿纵向，有的在零件表面呈“S”形或“Y”形，还有的呈龟裂网状。淬火裂纹的深浅也各不相同，但深度远大于磨削烧伤裂纹。观察淬火裂纹断口可以发现断口面往往有油污、水渍及回火色存在，未污染的断口面则是干净的细瓷状。用金相显微镜观察，裂纹呈撕裂状扩展，尾部尖细，一般沿晶界分布。淬火裂纹与锻造裂纹和原材料裂纹主要区别是裂纹两侧无脱碳现象。

图 5-152～图 5-201 为淬火裂纹荧光磁粉探伤磁痕案例。

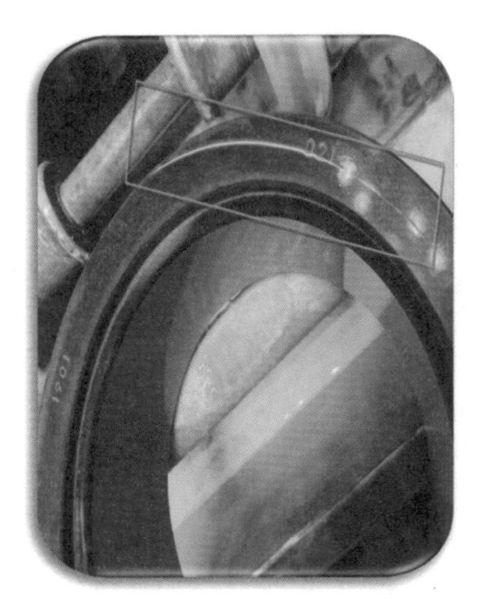

图 5-152　内圈打字端面淬火裂纹

图 5-153　内圈大端面径向打字淬火裂纹

图 5-154　内圈端面打字淬火裂纹

图 5-155　内圈滚道圆周方向淬火裂纹

图 5-156　内滚道淬火裂纹

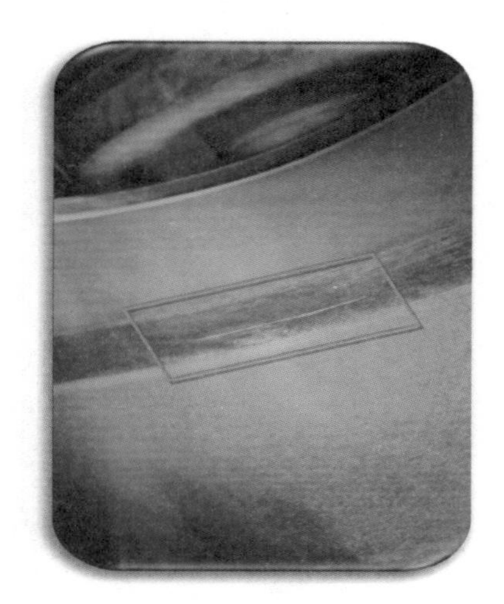

图 5-157　套圈外内径周向淬火裂纹

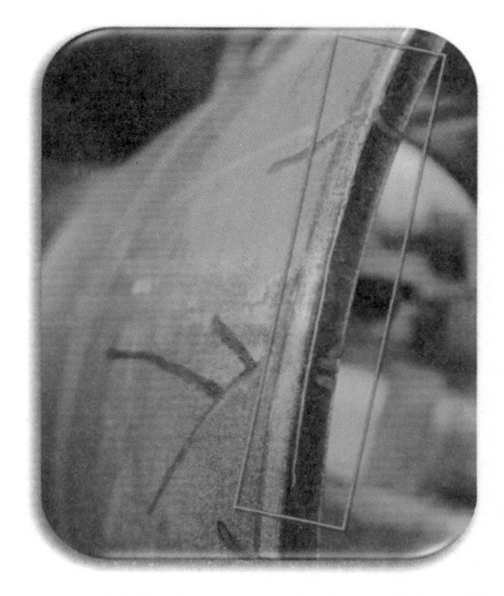

图 5-158　外倒角处圆周方向淬火裂纹延伸至端面

图 5-159　外倒角圆周方向淬火裂纹

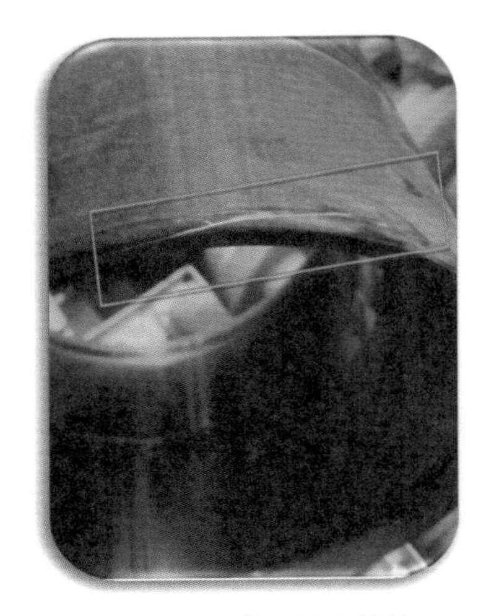

图 5-160　外径淬火裂纹

图 5-161　外径靠近中槽处淬火裂纹

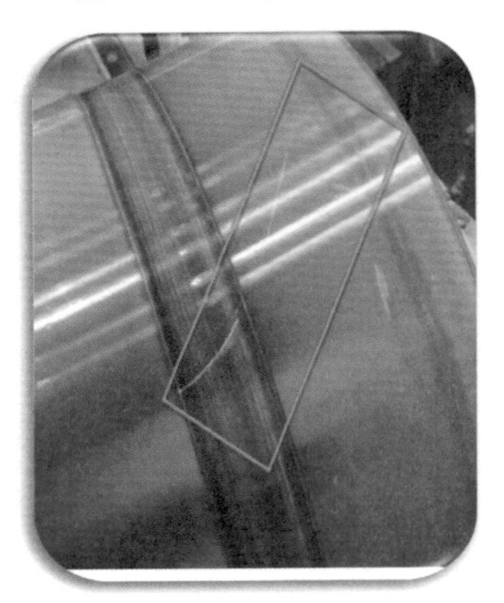

图 5-162　外径油槽淬火裂纹

图 5-163　外圈端面延伸至外径面淬火裂纹

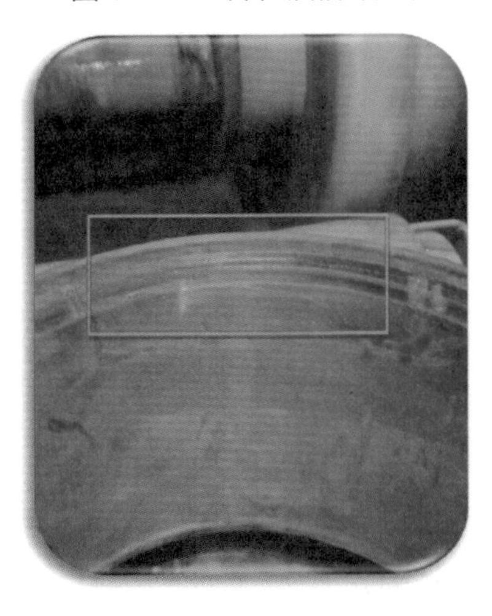

图 5-164　外圈滚道由倒角延伸至滚道淬火裂纹

图 5-165　外圈外倒角圆周方向淬火裂纹

淬火裂纹

图5-166 外圈外倒角周向淬火裂纹

图5-167 外圈外倒角周向淬火裂纹

图5-168 外圈牙口淬火裂纹

图5-169 外倒角周向淬火裂纹

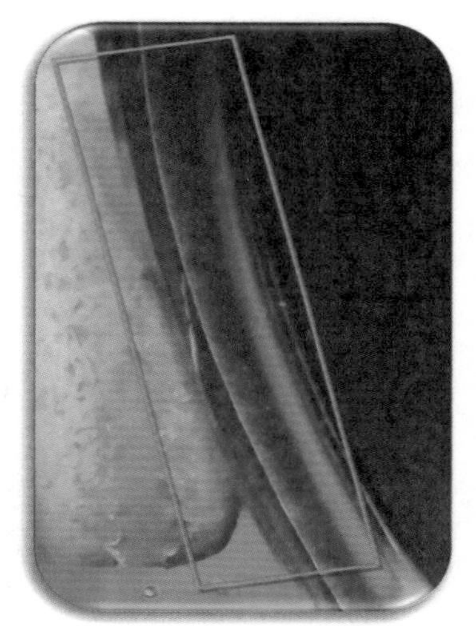

图5-170 外圈油沟周向淬火裂纹

图5-171 牙口处淬火裂纹

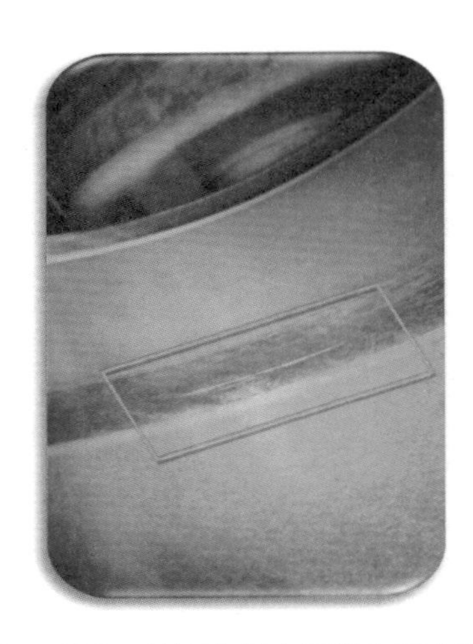

图 5-172　外圈内径中间周向淬火裂纹

图 5-173　牙口轴向淬火裂纹

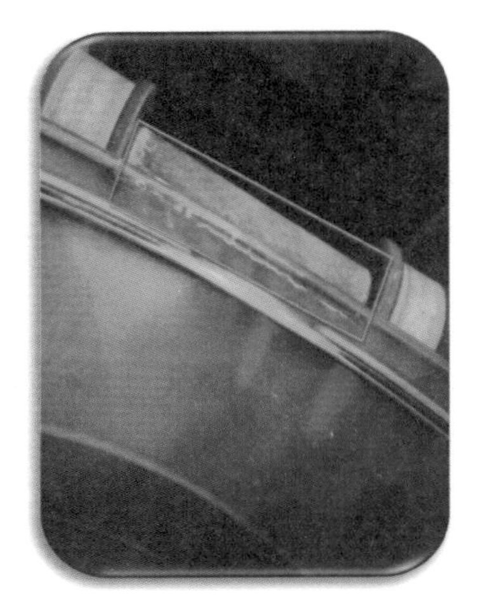

图 5-174　牙口处圆周方向淬火裂纹

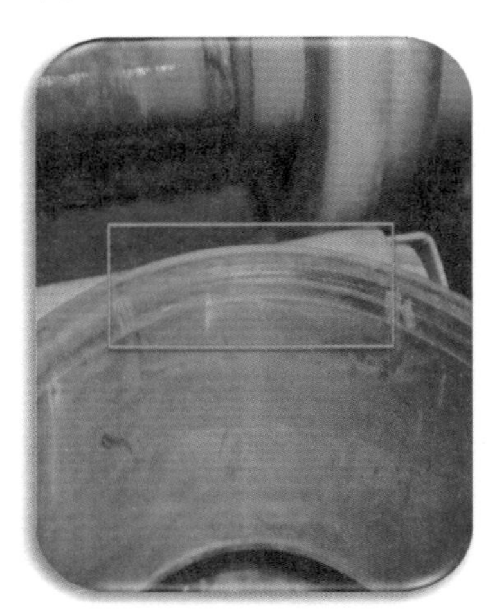

图 5-175　牙口圆周方向淬火裂纹

图 5-176　油沟淬火裂纹

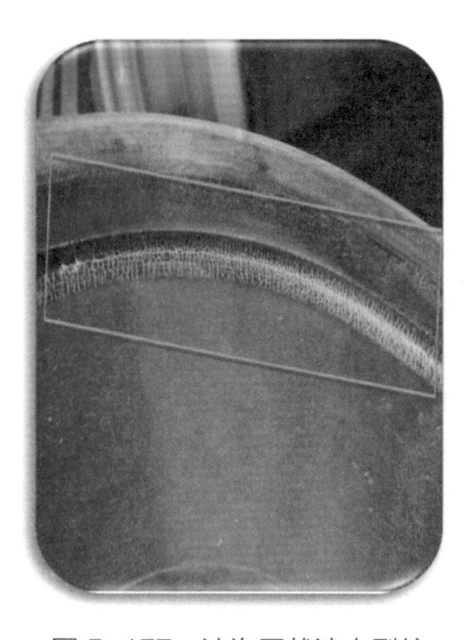

图 5-177　油沟网状淬火裂纹

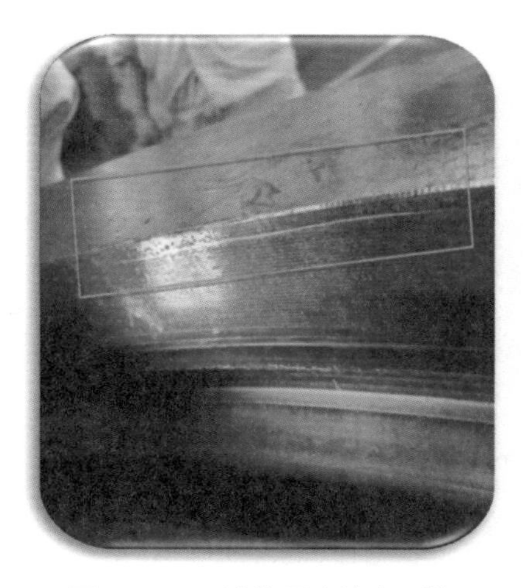

图 5-178　油沟周向淬火裂纹

图 5-179　油沟轴向淬火裂纹

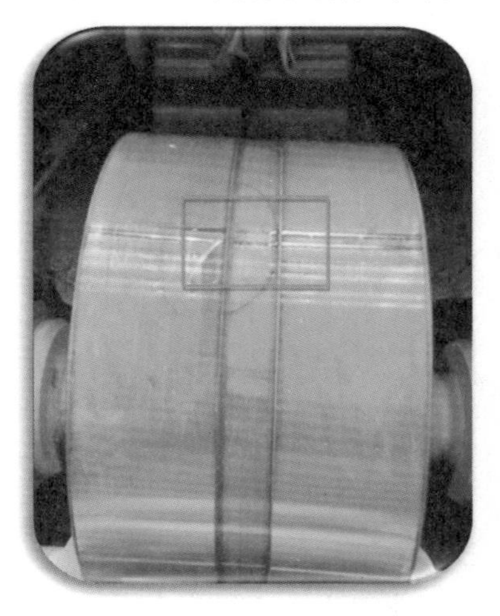

图 5-180　中槽处淬火裂纹

图 5-181　钻孔边缘淬火裂纹

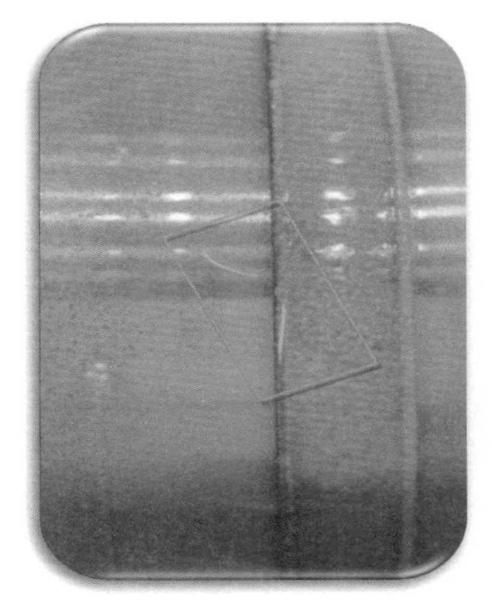

图 5-182　中槽处淬火裂纹

图 5-183　感应淬火裂纹

图 5-184　滚道靠近挡边处周向淬火裂纹

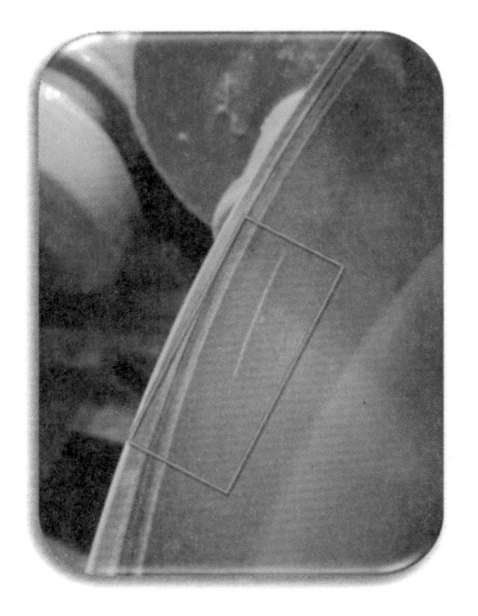

图 5-185　滚道圆周方向淬火裂纹

图 5-186　滚道圆周方向淬火裂纹

图 5-187　端面延伸至外径淬火裂纹

图 5-188　端面打字淬火裂纹

图 5-189　端面圆周方向较长淬火裂纹

图 5-190　钻孔内螺槽底淬火裂纹

图 5-191　钻孔时产生的裂纹

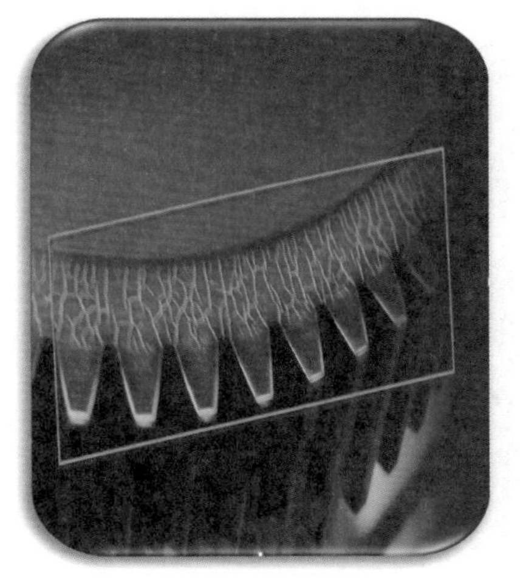

图 5-192　齿轮端面感应淬火裂纹

图 5-193　滚子外径面淬火裂纹（树枝状）

图 5-194　滚子外径面淬火裂纹

图 5-195　滚子外径面淬火裂纹

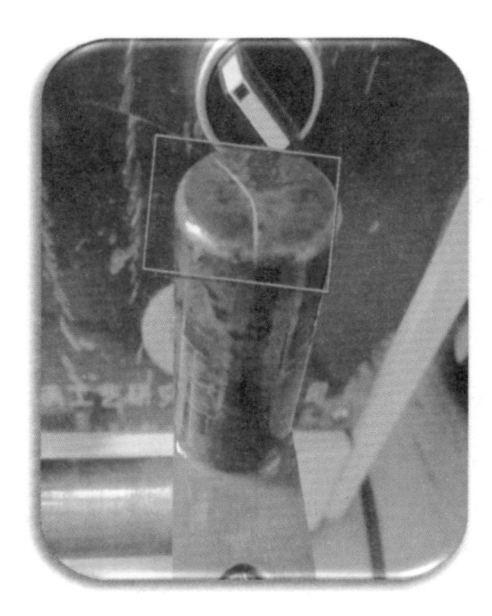

图 5-196　滚子贯穿性淬火裂纹

图 5-197　端面打字淬火裂纹

图 5-198　滚子外径网状淬火裂纹

图 5-199　淬火后整形时产生的油沟裂纹

图 5-200　外径淬火裂纹

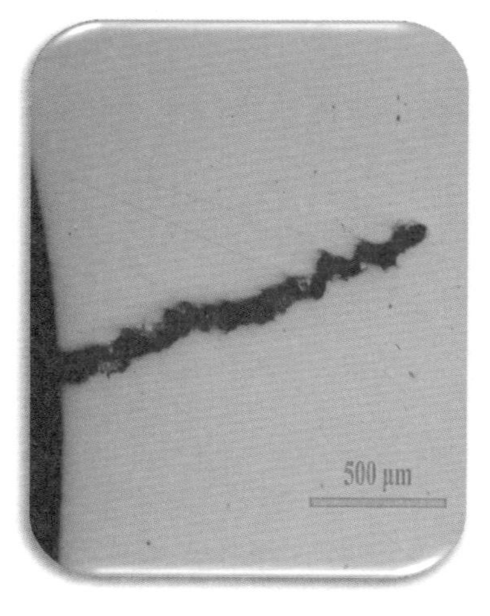

图 5-201　淬火裂纹截面金相形貌 ×50

5.4　磨削裂纹

轴承零件经热处理后，由于热处理产生的残余应力过大，或者磨削加工工艺控制不当，往往在磨削过程中容易导致产生磨削裂纹。在磨削过程中，如大的进给量导致一次磨削量过大，砂轮较硬，磨粒变钝，机床未调整好，砂轮轴产生跳动，冷却液供给量不充分导致冷却不良，操作人员技术水平低等，都会导致零件产生磨削裂纹。磨削裂纹的产生皆由内部应力诱发所致，磨削裂纹产生的主要原因是磨削热引起的，工件磨削时磨削接触区温度高达 400℃，磨削接触点的温度更是高达 800℃以上，磨削热导致工件表面产生热应力和组织相变而引起体积变化的相变应力。如果在磨削时冷却不充分，由于磨削而产生的热量，足以使磨削表面薄层重新奥氏体化，随后淬火转变为马氏体，因而使表面层产生附加组织应力，再加上磨削所形成的热量使零件表面温度升高极快，这种组织应力和热应力的迭加就可能导致磨削表面产生磨削裂纹。

轴承零件在磨削过程中，由于大的砂轮进给量、砂轮轴的跳动、切削液供给不充分、砂轮磨粒钝，均易使零件产生磨削裂纹。另外，热处理时淬火温度过高而造成零件的组织过热、晶粒粗大，残余奥氏体量较多、有网状和粗大颗粒。磨削裂纹仅发生在磨削面上，通常细而浅，一般为线条状，有的呈直线状，有的呈弯曲状，有的为单条，有的为数条，通常与磨痕方向垂直或呈一定的角度。与淬火裂纹宏观上观察明显不同，磨削裂纹深度较浅，较轻的磨削裂纹垂直于或接近垂直于磨削方向平行分布；较严重的磨削裂纹呈网状，有的呈“S”形，个别伴有局部掉块现象。用酸侵蚀后，磨削裂纹以及裂纹附近的磨削烧伤均更加明显易见。一般情况下，轴承套圈的端面、挡边、滚道、内外径，滚子端面等冷却液不能完全覆盖的区域较容易出现磨削裂纹、磨削烧伤。

图 5-202～图 5-289 是磨削裂纹荧光磁粉探伤的磁痕案例。

图 5-202　双列外圈外径网状磨削裂纹磁痕

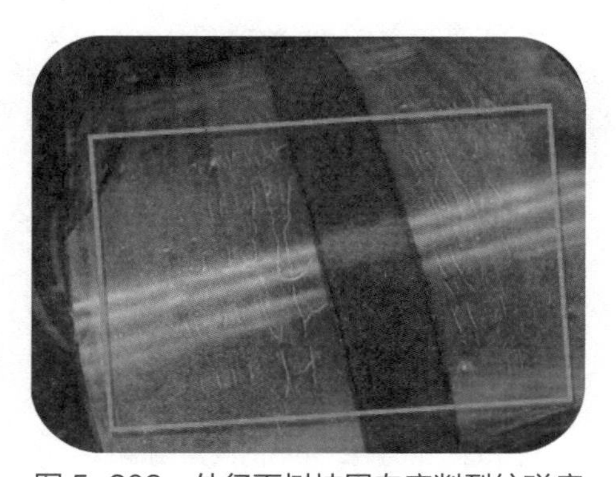

图 5-203　外径面树枝周向磨削裂纹磁痕

图 5-204　外径面单条周向磨削裂纹磁痕

图 5-205　内圈内径面单条周向磨削裂纹磁痕

图 5-206　内圈滚道面多条周向磨削裂纹磁痕

图 5-207　圆锥外圈滚道磨削裂纹磁痕

图 5-208　圆锥内圈滚道周向磨削裂纹磁痕

图 5-209　内圈滚道多条周向磨削裂纹磁痕

图 5-210　内滚道轴向磨削裂纹磁痕

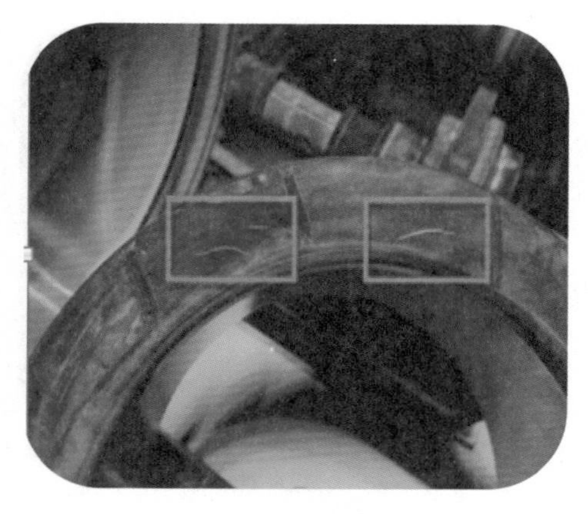

图 5-211　内圈大端面多条磨削裂纹磁痕

图 5-212　内圈挡边磨削裂纹磁痕

图 5-213　内圈端面多处磨削裂纹磁痕

图 5-214　内圈滚道磨削裂纹磁痕

图 5-215　内圈滚道磨削裂纹磁痕

图5-216　内圈滚道磨削裂纹磁痕

图5-217　内圈滚道磨削裂纹磁痕

图5-218　内圈滚道磨削裂纹磁痕

图5-219　内圈外倒角处磨削裂纹磁痕

图5-220　双列外圈内径轴向磨削裂纹磁痕

图5-221　外径面靠近倒角处轴向磨削裂纹磁痕

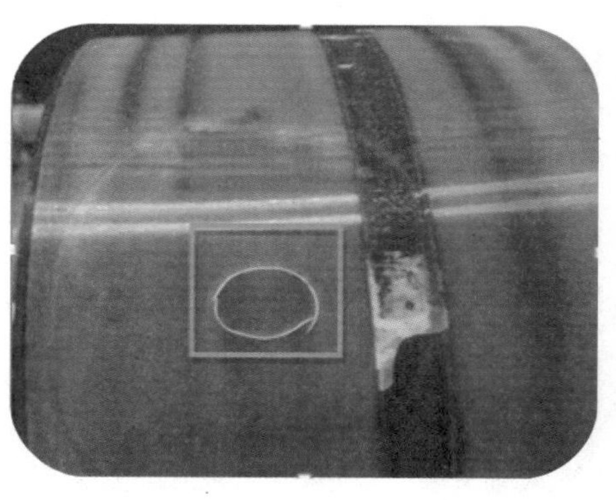

图 5-222　套圈外径圆形磨削裂纹磁痕

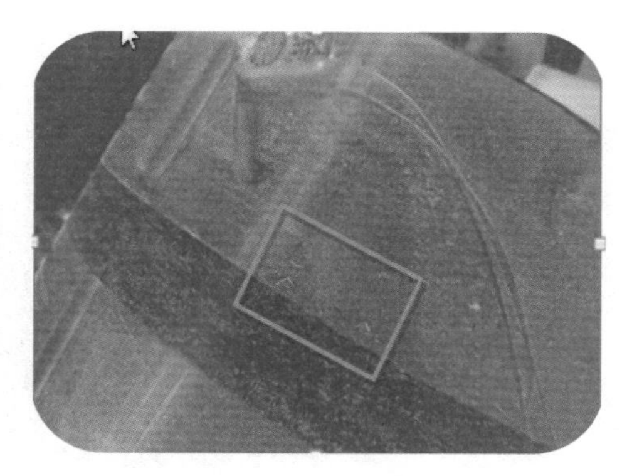

图 5-223　外径不规则分布磨削裂纹磁痕

图 5-224　外径大量分布的网状磨削裂纹磁痕

图 5-225　外径大量密集分布圆周方向磨削裂纹磁痕

图 5-226　外径多处磨削裂纹磁痕

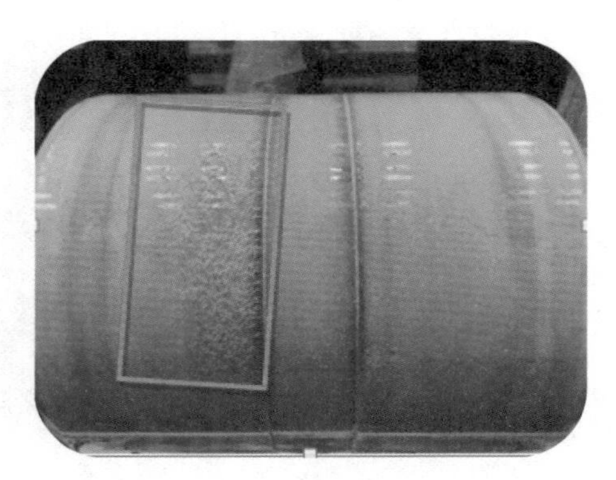

图 5-227　外径局部大量网状磨削裂纹密集分布磁痕

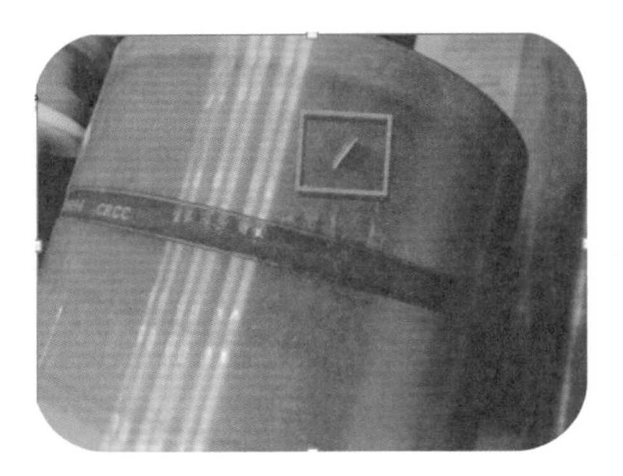
图 5-228　外径磨削裂纹磁痕

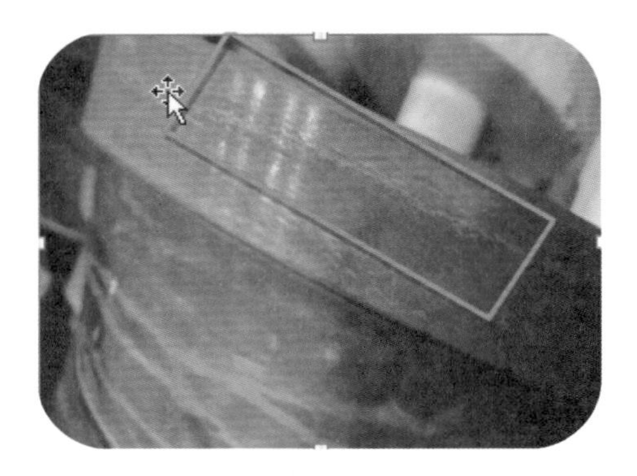
图 5-229　外径网状磨削裂纹磁痕

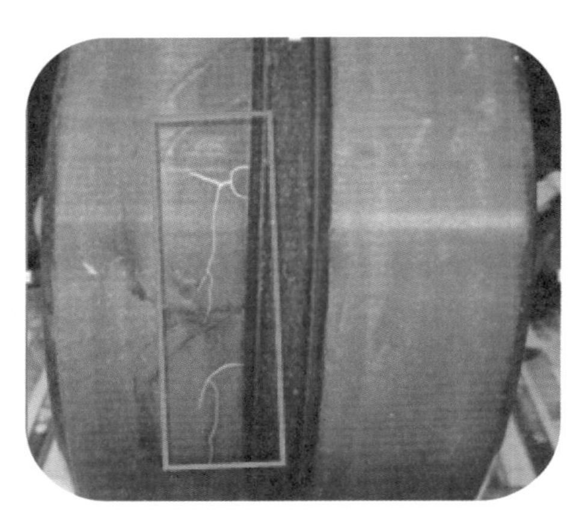
图 5-230　外径树枝状磨削裂纹磁痕

图 5-231　外径网状分布的磨削裂纹磁痕

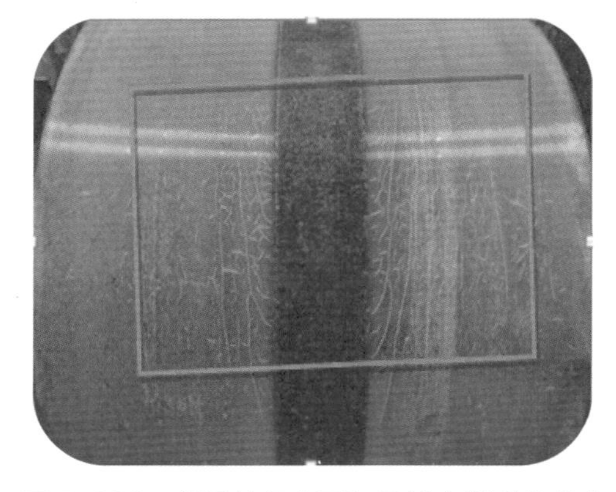
图 5-232　外圈外径大面积网状磨削裂纹磁痕

图 5-233　外圈外径网状磨削裂纹磁痕

图 5-234　外径轴向相互平行磨削裂纹磁痕

图 5-235　外圈外径单条磨削裂纹磁痕

图 5-236　外内径单条磨削裂纹磁痕

图 5-237　外倒角附近外径处相互平行沿轴向分布的磨削裂纹磁痕

图 5-238　外圈端面磨削裂纹磁痕

图 5-239　外圈内牙口磨削裂纹磁痕

图 5-240　外圈内牙口磨削裂纹磁痕

图 5-241　外圈牙口处磨削裂纹磁痕

图 5-242　靠近端面外径处轴向细小磨削裂纹磁痕

图 5-243　外径边缘周向磨削裂纹磁痕

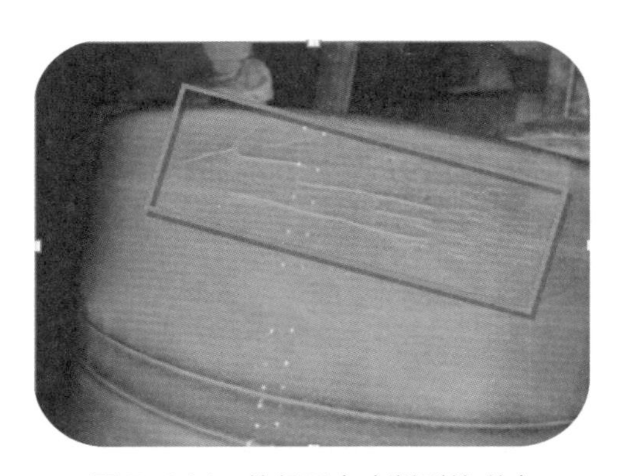

图 5-244　外径周向磨削裂纹磁痕

图 5-245　靠外圈外径边缘大量轴向短小平行分布磨削裂纹磁痕

图 5-246　靠近中槽处磨削裂纹磁痕

图 5-247　端面多条径向磨削裂纹磁痕

图 5-248　端面多条相互平行磨削裂纹磁痕

图 5-249　端面多条沿径向分布的磨削裂纹磁痕

图 5-250　端面封闭形磨削裂纹磁痕

图 5-251　端面径向磨削裂纹磁痕

图 5-252　端面径向大量分布的磨削裂纹磁痕

图 5-253　端面局部密集分布大量径向磨削裂纹磁痕

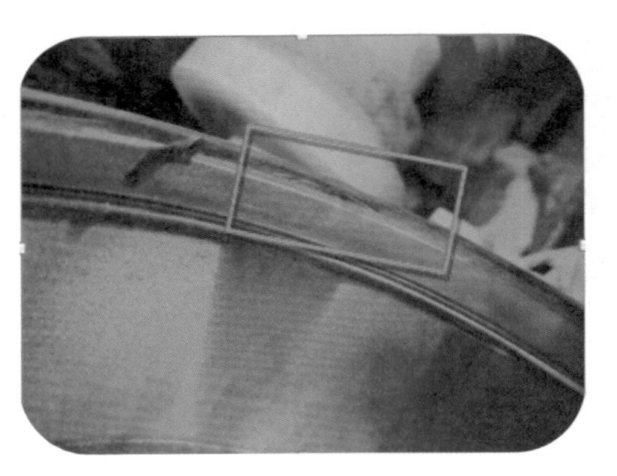

图 5-254　端面磨削裂纹磁痕

图 5-255　端面磨削裂纹磁痕

图 5-256　滚道边缘树枝状磨削裂纹磁痕

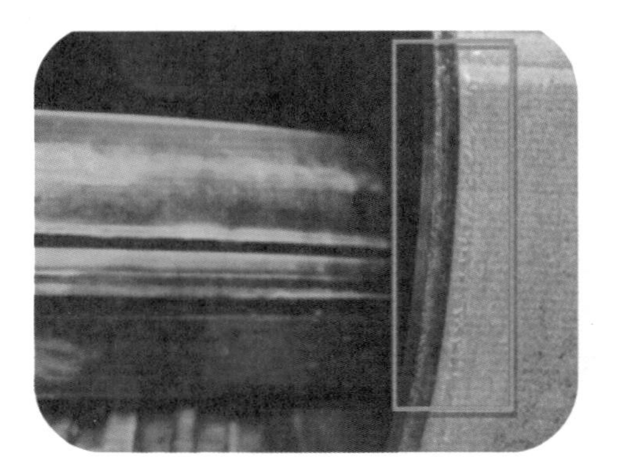

图 5-257　滚道边缘同一圆周上大量轴向短小平行状分布磨削裂纹磁痕

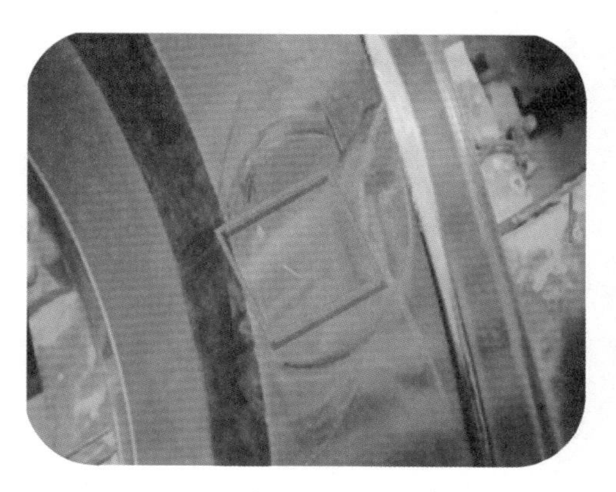

图 5-258　滚道单条磨削裂纹磁痕

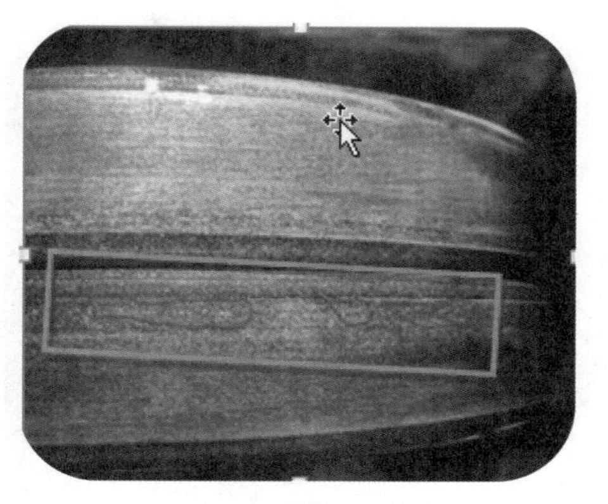

图 5-259　滚道多条细小呈列分布磨削裂纹磁痕

图 5-260　滚道多条细小轴向磨削裂纹磁痕

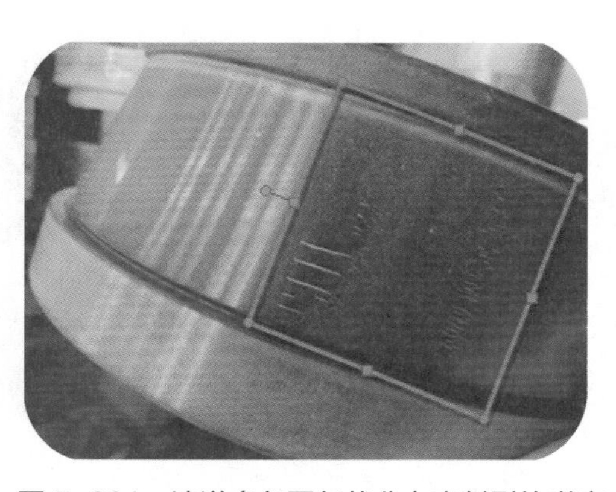

图 5-261　滚道多条平行状分布磨削裂纹磁痕

图 5-262　滚道局部磨削裂纹磁痕

图 5-263　滚道封闭形磨削裂纹磁痕

图 5-264　滚道磨削裂纹截面金相形貌 ×100

图 5-265　倒角多条轴向磨削裂纹磁痕

图 5-266　挡边网状细小磨削裂纹磁痕

图 5-267　磨削裂纹截面显微形貌

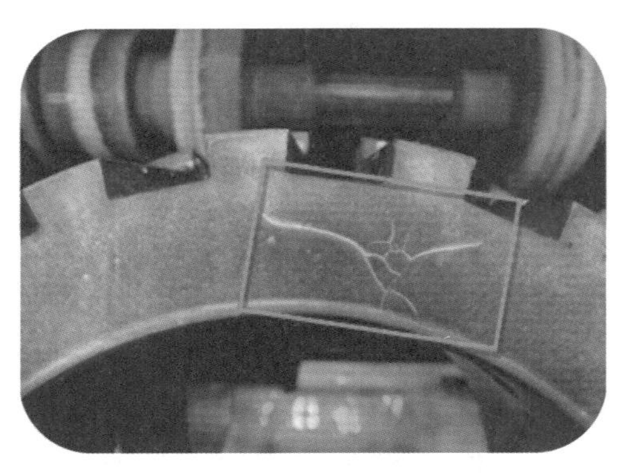

图 5-268　齿轮端面网状磨削裂纹磁痕

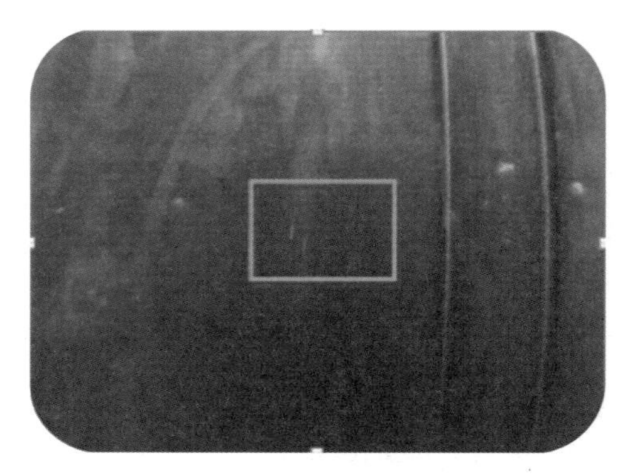

图 5-269　外径周向磨削裂纹磁痕

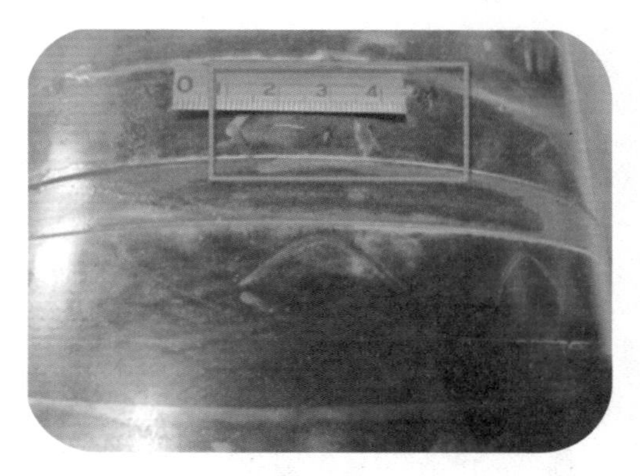

图 5-270　外圈外径周向磨削裂纹磁痕

图 5-271　外圈滚道大面积密集型磨削裂纹（网状）

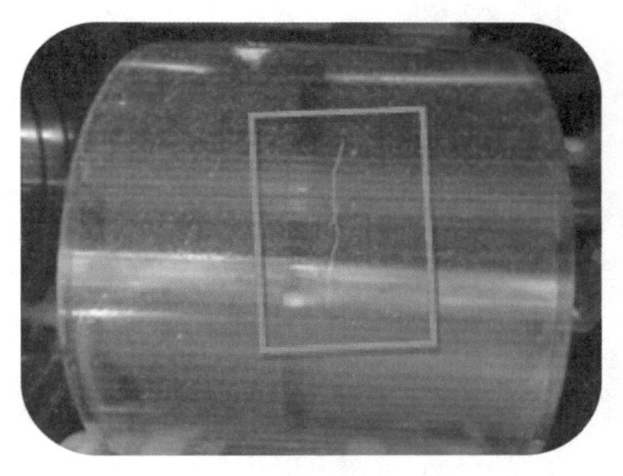

图 5-272　外圈周向磨削裂纹磁痕（S 型）

图 5-273　内圈滚道磨削裂纹磁痕（分叉型）

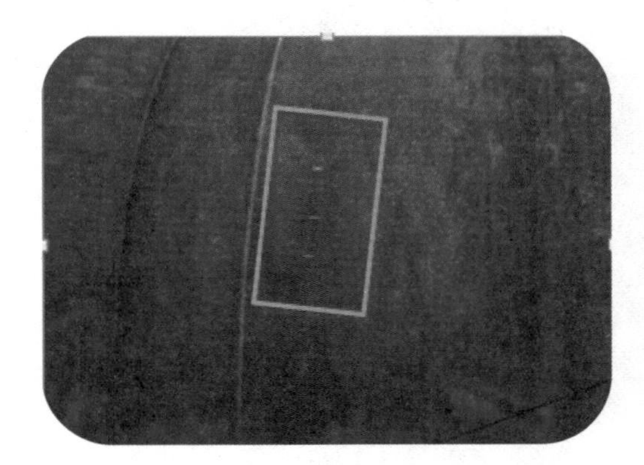

图 5-274　外径轴向磨削裂纹磁痕（三条）

图 5-275　挡边平面径向磨削裂纹磁痕（线状密集型）

图 5-276　外圈倒角磨削裂纹磁痕（砂轮撞击产生）

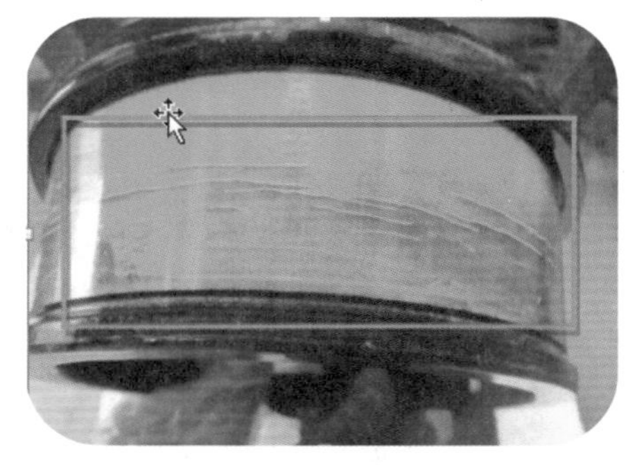

图 5-277　内圈滚道周向磨削裂纹磁痕

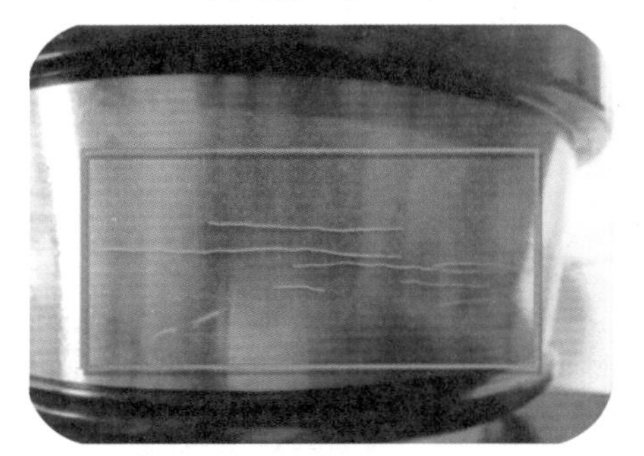

图 5-278　内圈滚道周向磨削裂纹磁痕

图 5-279　内圈内径面周向磨削裂纹磁痕（分叉型）

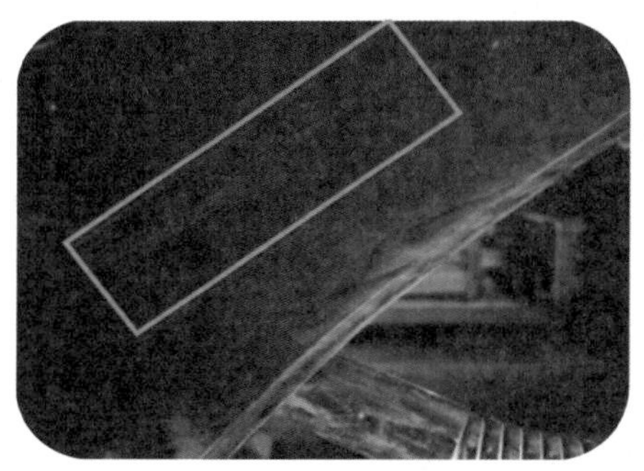

图 5-280　内圈内径面磨削裂纹磁痕（短小分叉密集型）

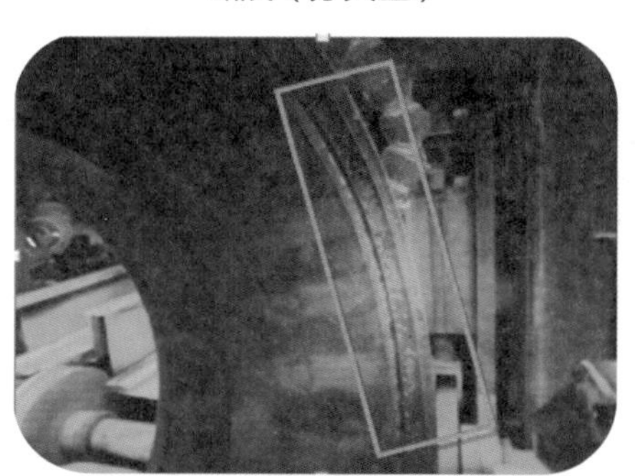

图 5-281　外圈牙口磨削裂纹磁痕（砂轮撞击）

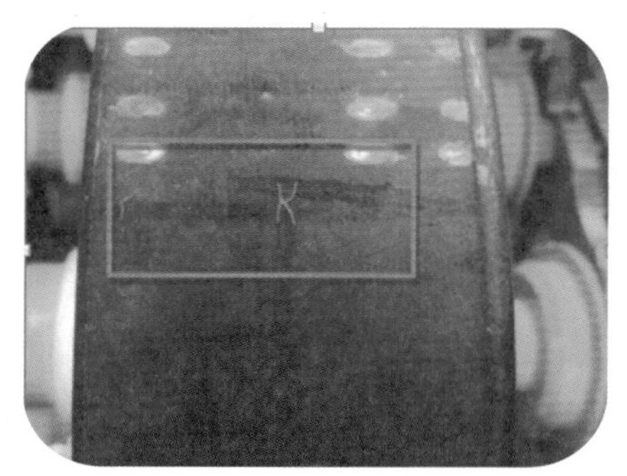

图 5-282　外径磨削裂纹磁痕

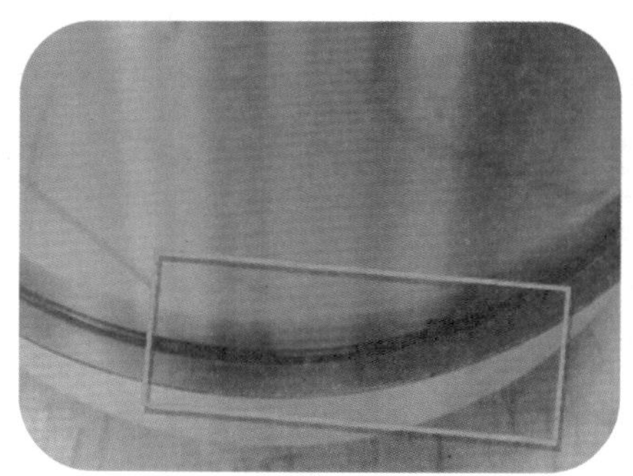

图 5-283　挡边平面径向磨削裂纹磁痕（线状多条）

图 5-284　内圈端面磨削裂纹

图 5-285　外圈外径磨削裂纹

图 5-286　挡边磨削裂纹磁痕

图 5-287　倒角磨削裂纹磁痕

图 5-288　外径磨削裂纹磁痕

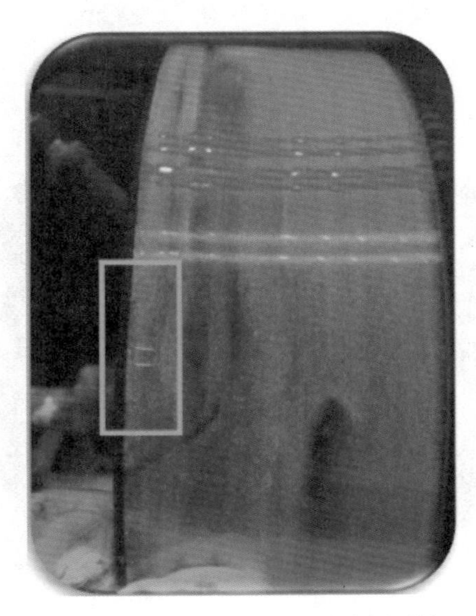

图 5-289　外圈外径边缘磨削裂纹

5.5 其他缺陷

在轴承零件的生产加工、运输、存放等过程中，难免出现磕碰、腐蚀等情况，造成轴承外径面、滚道以及端面出现外观缺陷。

轴承表面缺陷主要为磕碰伤、磕碰裂纹、电击伤、垫伤、腐蚀、锈蚀等外观缺陷。

图 5-290～图 5-326 为其他缺陷的磁粉探伤检测磁痕案例。

图 5-290 端面腐蚀引起的磁痕

图 5-291 滚道轴向分布疲劳剥落

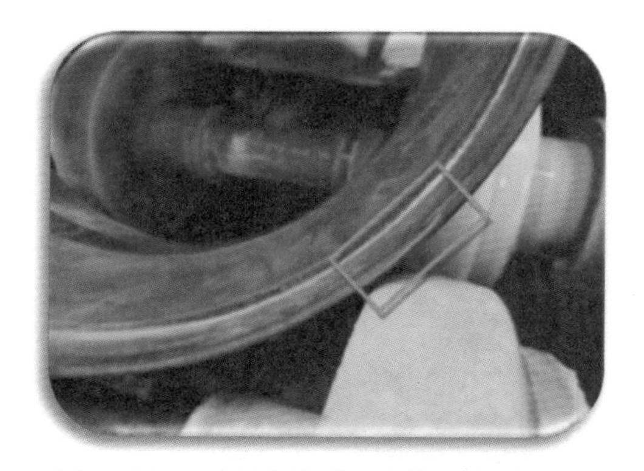

图 5-292 套圈倒角表面划伤引起的磁痕

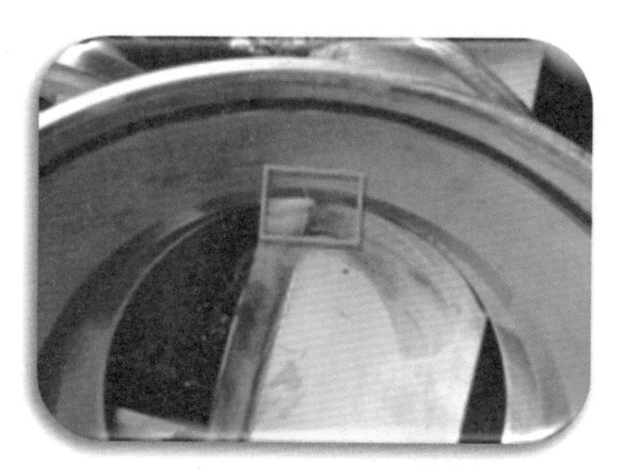

图 5-293 套圈倒角异物压入导致磁痕

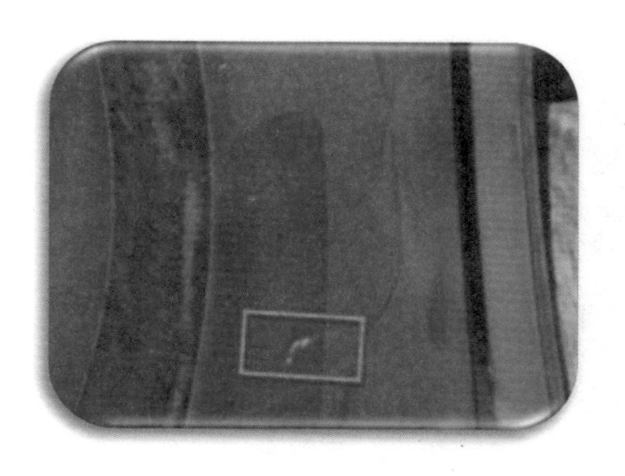

图 5-294　滚道圆周向磁痕

图 295 套圈外径面支撑印（由磁性磨粒所致）

图 5-296　内圈滚道支撑周向印痕及裂纹

图 5-297　外径非相关磁痕

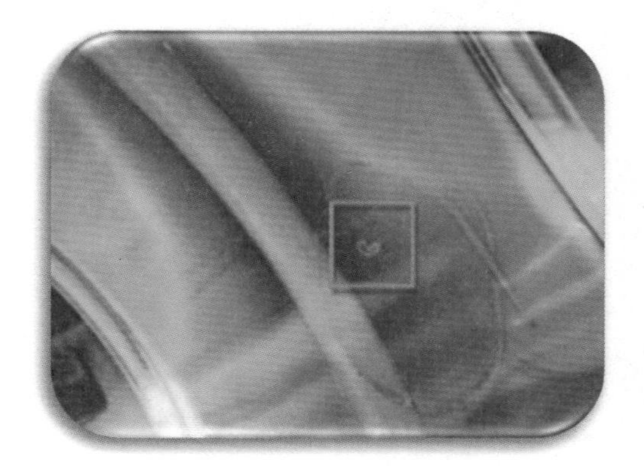

图 5-298　轴向贯穿断裂

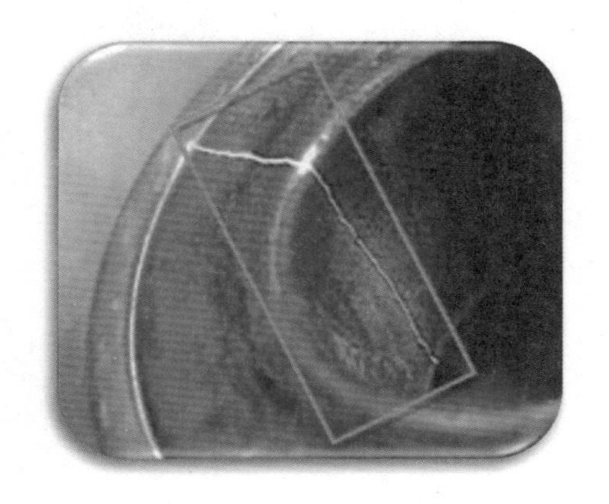

图 5-299　车加工金属屑压入产生的垫伤

图 5-300　内径表面摩擦损伤

图 5-301　车加工车刀划伤

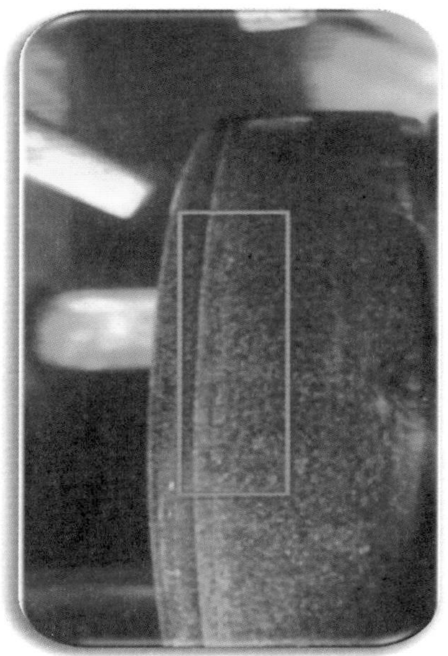

图 5-302　滚道点状垫伤

图 5-303　外滚道电击伤

图 5-304　滚道异物垫伤

图 5-305　外圈滚道擦伤

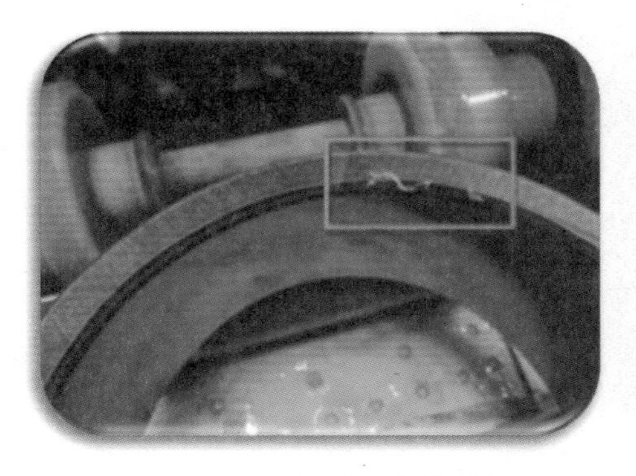

图 5-306　内倒角磕碰裂纹

图 5-307　外倒角磕碰裂纹

图 5-308　钻孔时在孔边缘处产生的裂纹

图 5-309　滚子垫伤外观

图 5-310　外倒角磕碰伤

图 5-311　内倒角磕碰伤

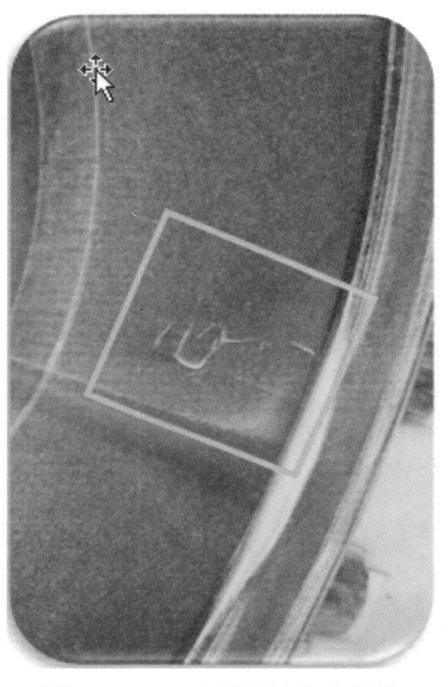

图 5-312　外圈滚道磕碰伤

图 5-313　外圈外倒角磕碰裂纹

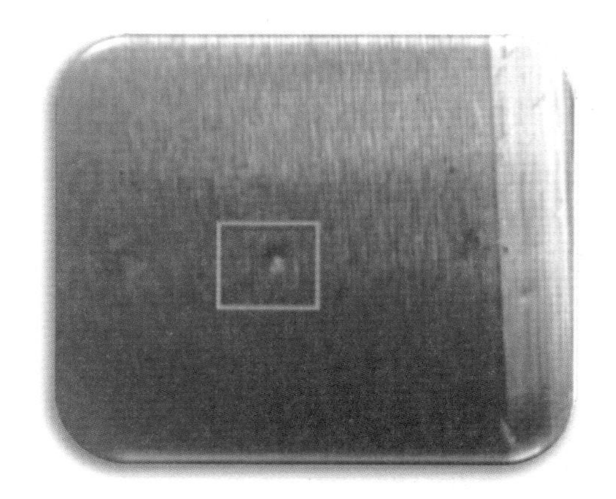

图 5-314　外径靠近倒角处尖角状垫

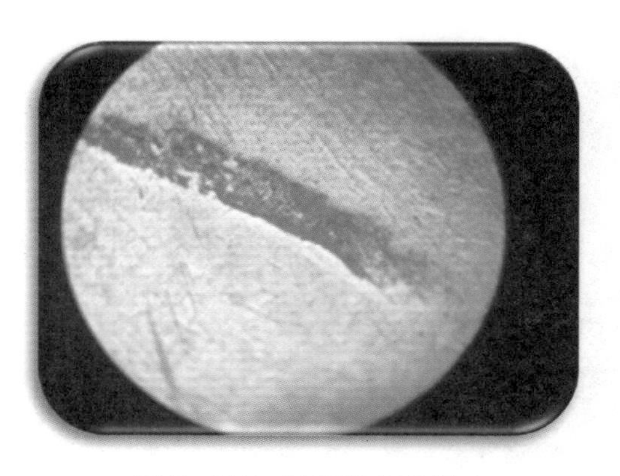

图 5-315　滚子放大观察图

图 5-316　滚子垫伤截面显微镜观察

图 5-317　内圈端面倒角磕碰伤

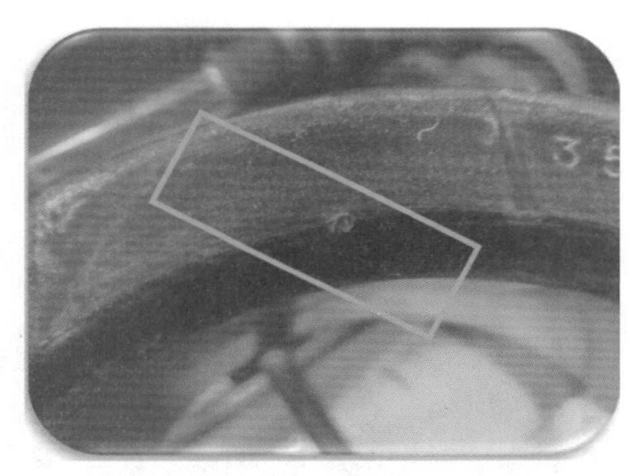

图 5-318　内圈内滚道倒角磕碰

图 5-319　外圈滚道腐蚀及裂纹

图 5-320　内圈滚道面划伤

图 5-321　外圈滚道疲劳扩展二次裂纹

图 5-322　外圈外径磕碰伤

图 5-323　内倒角磕碰伤裂纹

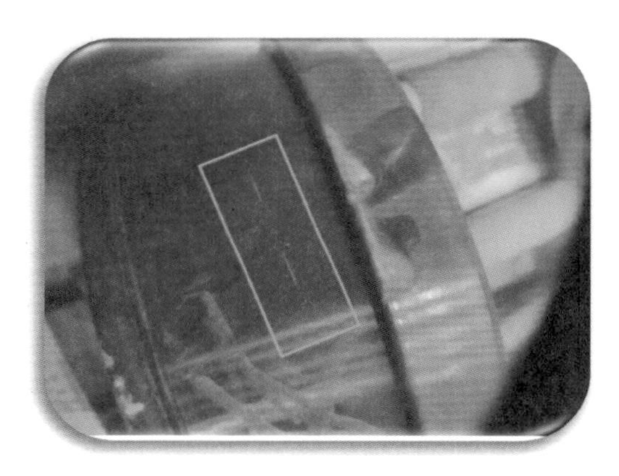

图 5-324　内圈滚道划伤裂纹

图 5-325　内圈内径压痕裂纹

图 5-326　外圈平面锻造凹心残余

图 5-327　内圈端面平面划伤

图 5-328　外圈外径面磕碰伤

图 5-329　外圈外径腐蚀裂纹

图 5-330　外圈外径划伤磁痕

图 5-331　外圈内径磕碰伤

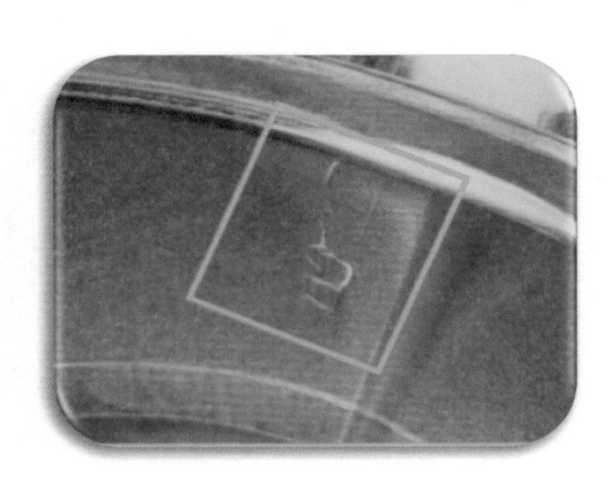

图 5-332　外圈滚道磕碰伤

参 考 文 献

［1］中国机械工程学会无损检测学会．无损检测磁粉检测培训教材［M］．北京：机械工业出版社，2004.

［2］夏纪真．工业无损检测技术（磁粉检测）［M］．广州：中山大学出版社，2013.

［3］轴承行业教材编审委员会．轴承基本知识［M］．北京：机械工业出版社，1986.

［4］钢铁热处理学会．钢铁热处理原理及应用［M］．上海：上海科学技术出版社，1979.

作者简介

陈翠丽，女，大学本科学历，高级工程师，洛阳LYC轴承有限公司技术中心无损检测室主任师。兼任中国机械工程学会无损检测分会委员、表面检测专业委员会副主任，全国无损检测标准化技术委员会（SAC/TC 56）委员，中国铁道学会材料工艺委员会无损检测学组委员，洛阳市无损检测学会副秘书长，中国合格评定国家认可委员会（CNAS）实验室和检验机构技术评审员等职。持有无损检测UT/RT/MT/PT四项高级（Ⅲ级）资格证书。2007年开始从事轴承材料及零部件无损检测工作，主持和参与了21项科研项目研究，研究成果获公司及以上科技奖励13项，主持和参与制定无损检测国家标准及行业标准18项，发表专业论文25篇，授权发明专利5项，实用新型专利17项。获洛阳市青年科技奖、洛阳市技术创新能手等多项荣誉称号。

邮箱：chencuili88@163.com

捷文科技
GIVEM TECH

C 公司简介
ompany Profile

成都捷文科技是一家快速发展的技术研发型企业。公司面向汽车零部件制造领域，提供材质检测、缺陷检测、尺寸检测、外观检测等方面的解决方案。

我们期望为客户提供杰出的产品和服务。

产品介绍 Product Presentation

声共振/音频球化检测系统

零件整体球化/蠕化测试

严重缩松、结构性裂纹检查

不良件自动分选

自动超声声速检测系统

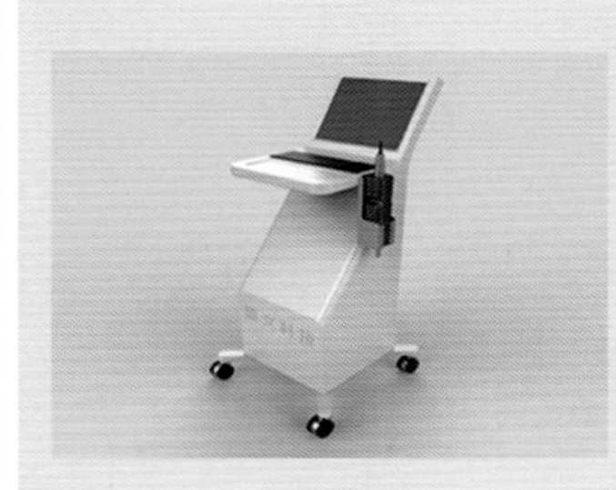

耦合、检测过程自动化

结果自动记录

不良件自动分选

在线尺寸快速检测系统

激光扫描方式

替代现有人工检具方式

外观检测系统

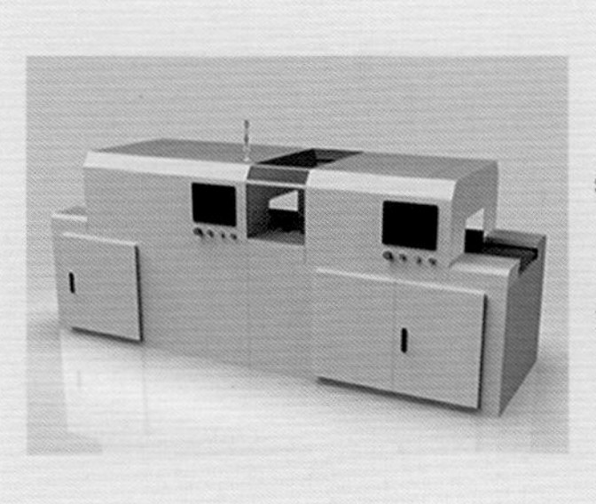

针对外观较为规则的零件

多肉、砂眼等缺陷检测